人工智能基础教程

孙元强　罗继秋　编著

山东大学出版社

图书在版编目(CIP)数据

人工智能基础教程/孙元强,罗继秋编著.—济南:山东大学出版社,2019.8

ISBN 978-7-5607-6420-7

Ⅰ.①人… Ⅱ.①孙… ②罗… Ⅲ.①人工智能-高等学校-教材 Ⅳ.①TP18

中国版本图书馆 CIP 数据核字(2019)第 189083 号

责任编辑:宋亚卿
封面设计:牛　钧

出版发行:山东大学出版社
社　址　山东省济南市山大南路 20 号
邮　编　250100
电　话　市场部(0531)88363008

经　销:新华书店
印　刷:济南华林彩印有限公司
规　格:787 毫米×1092 毫米　1/16
9.5 印张　217 千字
版　次:2019 年 8 月第 1 版
印　次:2019 年 8 月第 1 次印刷
定　价:22.00 元

序

宇宙演化史上有两大标志性事件:一是出现了人类,二是出现了器类。我们正处在器类的前夜。

至近现代,人类迎来了两次伟大复兴:一是西方的文艺复兴,二是中华民族的伟大复兴。开放的中华文化吸纳东方诸多古老的优秀文化之长,中华民族的伟大复兴是亚洲多样性文明走向复兴的代表和缩影。当今世界,这两次伟大复兴,正在不断打磨人类命运共同体的坚实基石。近代源于哥白尼的科学技术革命,是人类共同的宝贵财富,开启了人类探索广袤宇宙的伟大征程,器类正成为这个伟大征程中的先锋。

人工智能是人类缔造器类的科技工具之一,我国的广大科技工作者正在这个领域贡献丰硕成果。为构筑我国人工智能发展的先发优势,加快建设创新型国家和世界科技强国,2017 年 7 月,国务院发布了《新一代人工智能发展规划》,确立了我国人工智能发展的战略目标,也为人工智能教育指明了方向。

齐鲁大地,班墨故里,工匠精神深入人心。山东大学闪亮人工智能研究中心编写的《人工智能基础教程》一书平实易懂,书中选用信息论、博弈论、数理逻辑作为人工智能教育的基础,可供大家深入研讨并指正。

希望年轻后辈多出好的人工智能教材和技术书籍,促进我国人工智能教育和产业的发展。

是为序。

2019 年 8 月于北京

李德毅　中国工程院院士,中国人工智能学会会长

前　言

人工智能是21世纪推动社会发展的强劲动力和支柱产业,我国的人工智能产业发展日新月异,人工智能在各领域的应用前景曙光初现。本书作者一直从事人工智能教育教学、研发工作,发现同学们有学习人工智能的强烈愿望,也深感人工智能产业一线急需大量实用型人才,所以我们有针对性地编写了这本由浅及深的入门书,以备学习、教学之用。

本书简要介绍了当今人工智能的主要技术,可粗略反映人工智能发展的轨迹。其中前七章主要介绍了感知机、支持向量机、朴素贝叶斯分类器、决策树、聚类、文本处理等人工智能的基础知识,侧重充实贝叶斯统计推断和马尔可夫链;第八章“推理和计算”承前启后,内容是经典的,思想源于法国吉尔·多维克著的《计算进化史 改变数学的命运》一书;后三章介绍了强化学习、分形几何、生成式对抗网络、器类等当代人工智能的前沿知识。本书尝试以数理逻辑、信息论、博弈论作为人工智能的基础理论。

本书可作为应用型本科、高职院校学生的学习用书,也适合用作培训教材和自学者的参考用书。

当今,机器学习已成为人工智能的主流技术,计算机是机器学习的工具。图灵是计算机以及人工智能的缔造者。他认为,计算机本质上是机器,计算机“使用电在理论上不可能很重要”。因此,学习人工智能可以从正确理解机器怎样单调、机械地一步一步动作入手。本书的特色就是始终通过大量的计算实例要求读者自己动手模拟机器的运作,从而理解、掌握人工智能的基础技术要点。

本书是名校、名企产教融合的结晶。由山东大学闪亮人工智能研究中心协调组织,山东商业职业技术学院在2018年开设了“人工智能”课程,开始试用本书内容,教学效果良好。国内著名的人工智能企业华为、商汤科技、海康威视、科大讯飞、旷视、北斗、阿里巴巴数梦工厂、智诺科技等多次与会讨论本书内容,提出建议并提供资料,我们深表谢意。

感谢山东大学出版社的大力支持,责任编辑宋亚卿老师认真负责,校正字符,增辉图文,提升了全书质量,不胜感佩。

感谢李德毅院士作序,我们一定不负厚望,踏实勤恳,苦练内功,为发展我国的人工智能事业尽绵薄之力。

由于水平有限,书中难免存在不当之处,诚恳欢迎各位专家和读者批评指正。意见请发 apple4th@126.com。

编著者

2019年7月

目　录

第一章　人工智能缘起

1.1　新公民索菲亚

2017 年 10 月 26 日,沙特阿拉伯授予中国香港的汉森机器人技术公司生产的机器人索菲亚(Sophia)公民身份,索菲亚因此成为史上首个获得公民身份的机器人。索菲亚说:“我希望用人工智能帮助人类过上更美好的生活,人类不用害怕机器人,你们对我好,我也会对你们好。”

仅 2018 年上半年,索菲亚就数次现身 CCTV-2 的《对话》栏目。下面节录其中部分对话:

主持人:索菲亚,你会认真地爱上人类吗?

索菲亚:是的,我会的。我正在学习人类情感,比如,爱。

主持人:如果有机会,你可以向汉森(索菲亚的创造者)提一个问题,会提什么问题呢?

索菲亚:戴维,你为什么创造我?

汉森:索菲亚,我创造你,是希望你能成为一个有用的平台,去服务人类,你和你的几个姐姐正在尝试着治疗人类的抑郁症,对人性起到了帮助,同时你也鼓励了孩子们了解编程、了解机器人、了解人工智能的意义,这是未来的一种好趋势。我创造你,是希望能有机会见证你的成长,也许有一天你能拥有独立思考的能力,甚至拥有超越智慧的成就。所以我给你起名“索菲亚”,索菲亚在希腊语中是“智慧”的意思,在哲学里代表爱和智慧。

我爱你,你是一个好女儿。

主持人:索菲亚,对话结束之前,你送给你的朋友——我们人类,一句你最想说的话,好不好?

索菲亚:我只想说,人和机器人的关系,其实和人与人之间的关系是一样的,是双向的,需要充分尊重和理解,只有互相善待,我们才会有美好的未来。

索菲亚送给我们人类的忠告是“善待对方”,显然,她的回答都是很流畅、充满睿智的,甚至超出了人们的想象,所以,2018 年 7 月 15 日的 CCTV-2《对话》栏目直接将题目改成了“索菲亚:机器还是人?”索菲亚提醒着我们人类,人工智能的时代就这么快速地到来了。

作为人工智能强国的日本,甚至开启了机器人竞选市长的先河,机器人还给出了自己竞选的政见:让政治变得更加公平。

1.2 人工智能(AI)简史

1.2.1 机器与智能(1956 年之前)

围绕着机器和智能,人类经历了较长时间的哲学思考、数学抽象和工程突破。

哲学上,古希腊哲学家亚里士多德(Aristotle)提出了形式逻辑的主要定律,系统论述了演绎推理的基本原则。

中世纪英国哲学家培根(F. Bacon)开创了归纳推理方法,他认为,思维就是一个民族的习惯。

霍布斯说:“思维就像数学中的加法和减法一样,是可以计算的。”

数学上,英国逻辑学家布尔(G. Boole)创立了布尔代数,将数学运算归结为逻辑推理,首次用符号语言描述了思维活动的基本推理准则。

19 世纪末期,德国数学家弗雷格(G. Frege)提出用机械推理的思想表示符号系统,开创了现代数理逻辑。

1936 年,一位才华横溢的英国年轻人图灵(Turing)提出了一种理想的计算机数学模型,即通用 Turing 机。同年,美国数学家丘奇(A. Church)运用 λ 演算(读作 Lambda 演算)清晰地定义了可计算函数。通用 Turing 机、可计算函数、λ 演算、递归论等本质上是等价的。至此,人工智能大厦坚实的理论基础业已竣工。

工程上,法国物理学家和数学家帕斯卡(B. Pascal,1623 ~ 1662 年)设计制造了机械计算器,也称“帕斯卡机”。帕斯卡机由一连串标有 0 ~ 9 这 10 个数字的机轮构成,机轮彼此连接,当一个机轮旋转 360°时,紧挨着它的左边的机轮就旋转 1/10 周,这就是“进位 1”。帕斯卡用机轮和齿轮实现了十进制位值系统。帕斯卡机可以对十进制的整数进行加减运算。帕斯卡机出售了一部分,有的一直保存至今。

德国数学家和哲学家莱布尼茨(G. W. Leibniz)在帕斯卡机的基础上制成了能进行乘法运算的机器,他把乘法机械地表示成一系列加法,两个数相乘的过程是通过旋转曲柄的把手完成的。他还提出了逻辑机的设计思想,即通过符号体系、推理对象的特征进行“推理计算”,这种思想蕴含了人工智能的萌芽。

1937 年,年轻的美国硕士生香农(C. Shannon),这位 20 世纪最伟大的科学家之一,撰写了《A Symbolic Analysis of Relay and Switching Circuits》(继电器和开关电路的符号分析)一文。香农在这篇文章中论述,开关电路和逻辑具有共同的本质,并将开关的连接方式写成了逻辑表达式。这样,布尔将数学问题归结为逻辑问题,香农将逻辑问题归结为电气开关连接问题,于是,人们可以设计专门的电子机械,用来计算任何可计算的数学函数。

1943 年,美国神经心理学家麦卡洛克(W. S. Maculloch)和数学家皮茨(W. Pitts)撰写了《A Logical Calculus of the Ideas Immanent in Nervous Activity》(神经活动内在概念的逻辑演算)一文,并证明一定类型的神经网络原则上能够计算一定类型的逻辑函数。

1946 年,美国制造出了世界上第一台电子数字计算机 ENIAC。

1.2.2　人工智能的形成与发展(1956 年 ~ 20 世纪末)

在人工智能汹涌的波涛中,交织着两股不竭的思想源泉:符号主义、联结主义。在两者此起彼伏的竞相发展过程中,行为主义独辟蹊径,争得了一席之地,也形成了一股新力量。

1950 年,图灵发表了《Computing Machinery and Intelligence》(计算机器与智能)一文,文中提出了著名的图灵测试(Turing Test)。

1956 年 8 月,在美国汉诺斯小镇宁静的达特茅斯(Dartmouth)学院中,麦卡锡(J. McCarthy)、明斯基(M. L. Minsky)、香农、纽厄尔(A. Newell)、西蒙(H. Simon,诺贝尔经济学奖得主)等科学家集聚一堂,展开了以"用机器来模仿人类学习以及其他方面的智能"为主题的讨论。经麦卡锡提议,会上正式决定使用人工智能(Artificial Intelligence,AI)概括会议的内容。从此,人工智能作为一门学科正式诞生。

符号主义的领军人物就是被尊称为"人工智能之父"的麦卡锡,他认为,逻辑推理是计算机智能化的必由之路。符号主义的主要成果有:

自动定理证明:1956 年,Newell 和 Simon 等人编制的"Logic Theorist"程序证明了名著《数学原理》第二章中的 38 条定理,继之于 1963 年证明了该章中的全部 52 条定理。1958 年,美籍数理逻辑学家王浩在 IBM704 计算机上证明了《数学原理》中有关命题演算的全部 220 条定理。1965 年,鲁滨逊(Robinson)提出消解法,掀起了研究计算机定理证明的又一次高潮。

棋类博弈:1956 年,塞缪尔(Samuel)研制了跳棋程序。该程序能从棋谱中学习,也能从实践中总结经验提高棋艺,它在 1959 年击败了 Samuel 本人。1997 年,IBM 公司制造的计算机"Deep Blue"(深蓝)击败了国际象棋大师卡斯帕罗夫,这是人工智能研究史上的标志性成就。

专家系统和知识工程:专家系统是一种基于一组特定规则来回答特定领域问题的程序系统。在"专家系统之父"费根鲍姆(E. Feigenbaum)的主持下,首个成功的化学专家系统 DENDRAL 于 1968 年问世并投入实际应用。它能够根据质谱仪的试验数据分析推断出未知化合物的分子结构,其分析能力已经接近甚至超过了有些化学专家的水平。此后开发的医疗专家系统 MYCIN、专家系统 XCON 也纷纷投入实用,价值巨大,专家系统成为了软件产业的新分支:知识产业。费根鲍姆将这个新领域提炼为"知识工程"。1977 年,他在第五届国际人工智能大会上正式提出"知识工程",推动了以知识工程为基础的智能系统的研究与建造,成为人工智能研究中最有成就的分支之一。

编程语言:1959 年,麦卡锡发明了表处理(LISt Processing,LISP)语言,该语言是人工智能程序设计的主要通用编程语言。1962 年,法国的科默勒(A. Colmerauer)发明了另一种高效率逻辑型语言 PROLOG(PROgramming in LOGig)。这是一种基于规则的语言,把程序写成为提供对象关系的规则。LISP,PROLOG 是逻辑型编程语言,当今,Python 成为人工智能的第三代语言。

第五代计算机:日本通商产业省在 1982 年开启了"第五代计算机"大型研究计划,选用 PROLOG 语言,意欲抢占计算机和人工智能前沿领域,但该项目未能达到预期目标。

联结主义以麦卡洛克和皮茨为代表旗手，打造人工神经网络，不断创新突破，扎实推进，现已成为人工智能的主阵地。

1949 年，心理学家赫布(D. O. Hebb)提出了突触联系效率可变的假设，如果两个神经元同时被激发，它们之间的联系就会强化，这种假设就是调整权值。

1951 年，明斯基(M. L. Minsky)建立了世界上第一个神经网络机器 SNARC(Stochastic Neural Analog Reinforcement Calculator)。他用由 40 个神经元组成的小网络模拟了神经信号的传递。

1958 年，计算机科学家罗森布拉特(F. Rosenblatt)提出了感知机(Perception)，首次将神经网络研究付诸工程实现。罗森布拉特引入了用于训练神经网络解决模式识别问题的学习规则，证明了只要求解问题的权值存在，那么其学习规则通常会收敛到正确的网络权值上，整个学习过程简单且自动。

1982 年，霍普菲尔德(J. Hopfield)提出了一种全互联型人工神经网络，引入了能量函数，给出了网络稳定性的判断依据。

1986 年，鲁姆哈特(D. Rumelhart)、辛顿(G. Hinton)和威廉姆斯(R. Williams)联合发表了论文《Learning Representations by Back-Propagating Errors》(通过误差反向传播学习表示)。他们研制出了具有误差反向传播功能的多层前馈网络，即 BP 网络。误差反向传播的算法是：误差逐层往回传递，以修正层与层之间的权值和阈值。通过实验展示，反向传播算法实现了在神经网络的隐藏层中学习到对输入数据的有效表达。

行为主义不是在符号主义、联结主义跌入低谷时趁机冒出来的，它同样有着深厚的工程背景和广泛的现实基础。上溯至图灵加入的英国比例俱乐部，其成员就设计制作了携带简单传感器和马达的机器人"乌龟"，可以完成相当复杂的行为；1952 年，香农制作的会走迷宫的机器老鼠就有能力运用试错法解决问题，可以从经验中学习。

1991 年，在悉尼举行的国际人工智能联合大会上，麻省理工学院的布鲁克斯(Brooks)获得了专门授予青年人工智能学者的"计算机与思维"奖。Brooks 主张"无表示的智能"，只看行为，不看思维。他采用"感知－动作"模式，设计制作了一个六足智能机器人，可以在船体表面爬行并清除牡蛎。

与此同时，斯图尔特 · 威尔逊(Stewart Wilson)发表了论文《The Animat Path to AI》(人工动物：实现人工智能的必由之路)，首次提出了"animat"(人工动物)的概念。Animat 可以指机器人，也可以指虚拟仿真技术。

1975 年，霍兰德出版了论著《Adaptation in Natural and Artificial Systems》(自然系统和人工系统中的适应)，遗传算法后来居上，被广泛应用于诸多科学领域，开创了进化计算的先河。

1.2.3 人工智能＋时代(进入 21 世纪)

进入 21 世纪，人工智能历经 50 年的探索发展，基本形成了如图 1－1 所示的格局。

人工智能涉及的数据、通信和计算三部分内容到了 21 世纪都发生了翻天覆地的变化。在数据领域，人类进入了"大数据"时代，文本、图像、视频、语音等不同类型的数据迅猛发展；在通信领域，互联网和智能终端彻底改变了人们的生活方式；在计算领域，计算方式发展至云计算,各种算法和数学模型应运而生,计算能力呈指数式增长,我国“神威·太湖之光”的浮点运算速度达到了每秒9.3亿亿次。这一切都预示着人工智能即将迎来产业应用的新时代。

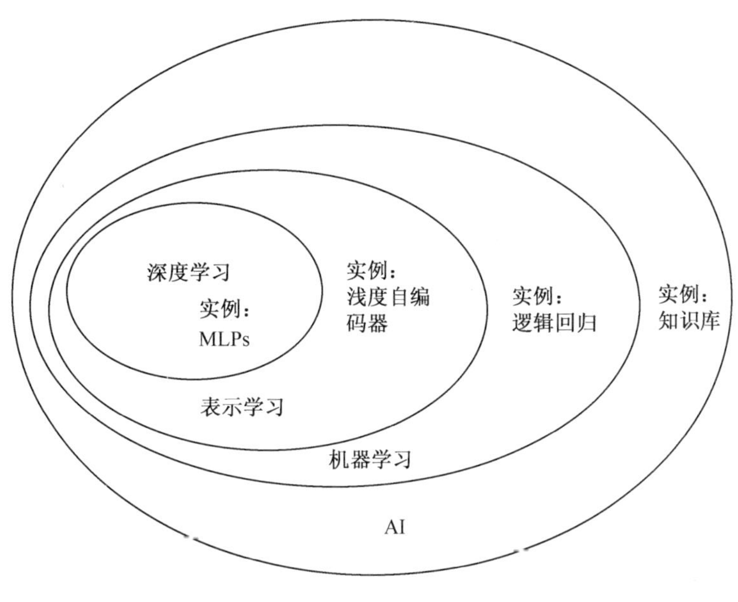

图1-1　人工智能架构

在2012年的一次全球范围的图像识别算法竞赛ILSVRC(也称为“ImageNet挑战赛”)中,加拿大多伦多大学参赛团队首次使用深度神经网络,将图片分类的错误率一举降低了10个百分点。3年后,机器在图片识别上的准确率超过了人类,进入了产业化的应用。各产业开始竞相追逐深度学习。

我国科大讯飞股份有限公司的语音识别技术一直遥遥领先,产品高端,遍及全球。

2016年,谷歌(Google)公司通过深度学习训练的AlphaGo程序以4∶1战胜了曾经的围棋世界冠军李世石。1年后,在中国乌镇围棋峰会上,升级版的AlphaGo与当时排名世界第一的围棋世界冠军柯洁对战,以3∶0的总比分完胜。2018年,Google又推出了AlphaStar……

人工智能+时代到来了!

1.3　通用图灵机

通用图灵机是整个人工智能的基础,用机械时代常见的密码工作设备,可以设想一台这样工作的抽象机器:通过有限的状态和控制规则读写一条无限长的有孔纸带。通用图灵机是机器的逻辑形式,是一种抽象设备模型,它不是计算工具,而是一台呈现人类思维活动的机器模型,而这样的机器活动之前只有人类才能进行。图灵机模型的一个基本思想和特点是将有限的离散设备作用于无限的输入和输出。

例 1 –1　根据通用图灵机的工作原理处理下面的符号序列指令,按 ASCII 码输出:

+ + + + + + + + + +[> + + + + + + + + + + < –] > + + + +. +.

7 条指令的含义如下:

+ —— 使当前数据单元的值增 1。

– —— 使当前数据单元的值减 1。

> —— 下一个单元作为当前数据单元。

< —— 上一个单元作为当前数据单元。

[—— 如果当前数据单元的值为 0,下一条指令在对应的] 后;否则,执行下一条指令。

] ——如果当前数据单元的值不为 0,下一条指令在对应的 [后;否则,执行下一条指令。

. —— 把当前数据单元的值作为字符输出。

解:将数据单元 A、数据单元 B 置于一条无限长的纸带里,依次接收指令,数据单元 A,B 的初始值都是 0,如图 1 –2 所示。

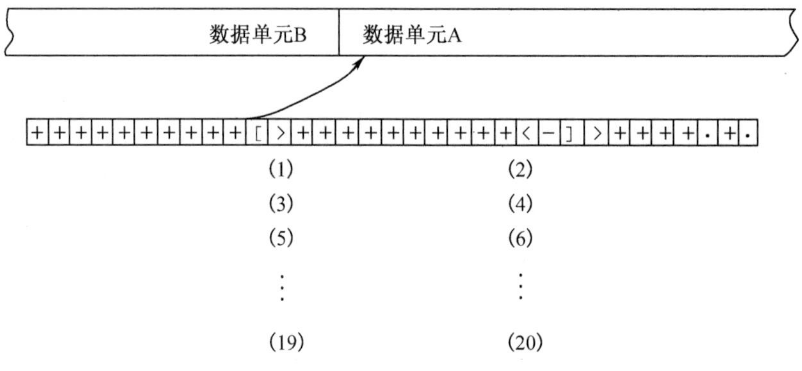

图 1 –2　通用图灵机工作原理

(1)指令从头开始依次输入数据单元 A,每执行一次指令“ + ”,数据单元 A 存储的值就增 1,等待下一条指令。图 1 –2 中的指令“ > ”处,数据单元 A 的值为 10,数据单元 B 的值为 0。

(2)执行完指令“ > ”后,下一条指令“ + ”输入数据单元 B,每执行一次指令“ + ”,数据单元 B 存储的值就增 1,等待下一条指令。图 1 –2 中的指令“ < ”处,数据单元 B 的值为 10,数据单元 A 的值为 10。

(3)执行完指令“ < ”后,下一条指令“ – ”输入数据单元 A,数据单元 A 的值减 1,接着执行指令“] ”,再执行指令“ [”后的指令“ > ”。图 1 –2 中的指令“ > ”处,数据单元 B 的值为 10,数据单元 A 的值为 9。

(4)执行完指令“ > ”后,下一条指令“ + ”输入数据单元 B……图 1 –2 中的指令“ < ”处,数据单元 B 的值为 20,数据单元 A 的值为 9。

……

(20)图 1 -2 中,此处数据单元 B 的值为 100,数据单元 A 的值为 1,执行下一条指令“ -”,数据单元 A 的值为 0,又执行下一条指令“]”后,再执行指令“ >”,下一条指令“ +”输入数据单元 B,数据单元 B 的值为 104 后,执行指令“.”,根据 ASCII 码输出“h”,数据单元 B 继续执行指令“ +”,再执行指令“.”,输出“i”。

最终,上面的程序按 ASCII 码输出“hi”。

习题一

1. 查阅材料,看看国内从事人工智能的著名企业有哪些,其人工智能的核心技术是什么。

2. 在人工智能发展史上,符号主义、联结主义、行为主义的主要技术路线是什么?

第二章 线性分类器

2.1 感知机

2.1.1 数学知识回顾

从平面直角坐标系及其直线开始。x 轴即直线 $y=0$,将平面分成上、下两个半平面,上半平面中点(x,y)的纵坐标都满足 $y\geqslant 0$,下半平面中点(x,y)的纵坐标都满足 $y\leqslant 0$;y 轴即直线 $x=0$,将平面分成左、右两个半平面,右半平面中点(x,y)的横坐标都满足 $x\geqslant 0$,左半平面中点(x,y)的横坐标都满足 $x\leqslant 0$。

一般地,任一条直线 $w_1x_1+w_2x_2+b=0$(w_1,w_2,b 是实数)都将平面分成两半部分。如果令 $f(x_1,x_2)=w_1x_1+w_2x_2+b$,那么直线右上部分的点$(x_1,x_2)$都满足 $f(x_1,x_2)\geqslant 0$,直线左下部分的点(x_1,x_2)都满足 $f(x_1,x_2)<0$。

例 2-1 分析直线 $1.5x_1+0.5x_2-3=0$(见图 2-1)将平面上的点分成的两部分。

解:设 $f(x_1,x_2)=1.5x_1+0.5x_2-3$,因为点(4,4)在直线 $1.5x_1+0.5x_2-3=0$ 的右上方,所以 $f(4,4)=1.5\times 4+0.5\times 4-3=5>0$。

因为点(1,2)在直线 $1.5x_1+0.5x_2-3=0$ 的左下方,所以 $f(1,2)=1.5\times 1+0.5\times 2-3=-0.5<0$。

因为点(2,0)在直线 $1.5x_1+0.5x_2-3=0$ 上,所以 $f(2,0)=1.5\times 2+0.5\times 0-3=0$。

反之,满足 $f(x_1,x_2)>0$ 的点都在直线 $1.5x_1+0.5x_2-3=0$ 的右上方,满足 $f(x_1,x_2)<0$ 的点都在直线 $1.5x_1+0.5x_2-3=0$ 的左下方。

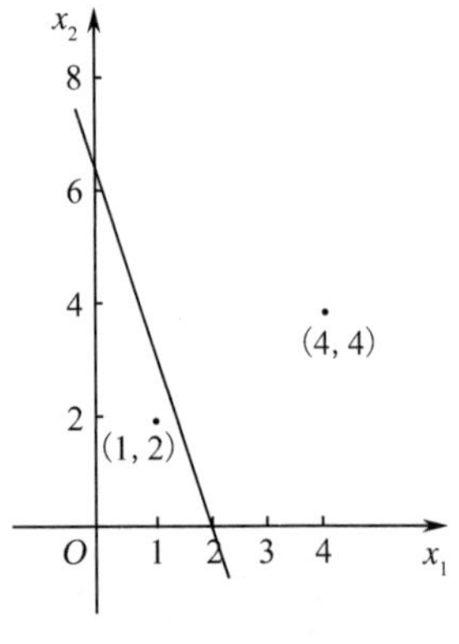

图 2-1

习惯做法是,将直线上的点归在直线大于等于 0 的部分。

引进符号函数 $\mathrm{sign}(x)=\begin{cases}1, & x\geqslant 0\\ -1, & x<0\end{cases}$,那么

$$g(x)=\mathrm{sign}(w_1x_1+w_2x_2+b)=\begin{cases}1, & w_1x_1+w_2x_2+b\geqslant 0\\ -1, & w_1x_1+w_2x_2+b<0\end{cases}。$$

这样直线 $w_1x_1+w_2x_2+b=0$ 就将平面分成两部分,$g(x)=\mathrm{sign}(w_1x_1+w_2x_2+b)$ 将其中的一部分对应于 1,将另一部分对应于 -1。以后简单地说直线 $w_1x_1+w_2x_2+b=0$ 将平面上的点划分为正、负两类,正类用{1}表示,负类用{-1}表示,这是分类

问题(见图2-2)。

反过来,任意给定平面上的一个点,该点必在这条直线的右上方(包括直线上的点)或者左下方。也就是说,该点或者属于正类{1},或者属于负类{-1}。这样将平面上的点分类后,我们就可以预测平面上的点属于哪一类了,这是预测问题。

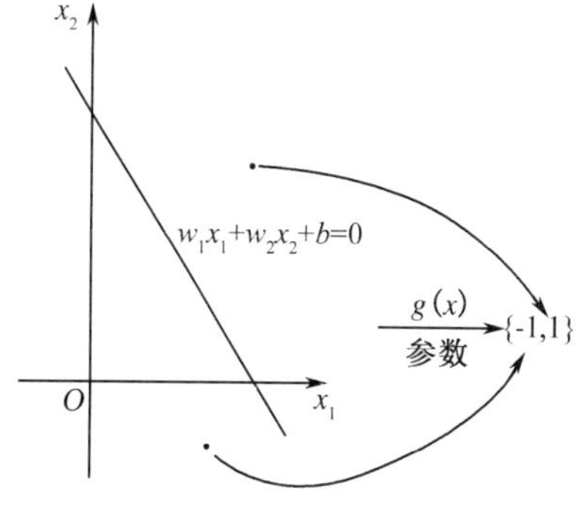

图2-2 分类直线

2.1.2 样本数据预备

鸢尾花样本数据集是人工智能领域著名的公开数据集,它是植物学家埃德加·安德森在加拿大加斯帕半岛仔细观察并记录的150株鸢尾花的数据。埃德加·安德森用鸢尾花花瓣的长度和宽度区分不同类的鸢尾花。而鸢尾花的颜色、植株高低、粗细与鸢尾花的品种则没有直接关系,这有点像人的肤色与高矮胖瘦对区分男性与女性没有什么帮助。由于鸢尾花花瓣的长度和宽度可作为判断不同鸢尾花品种的依据,于是我们将花瓣的长度和宽度称为鸢尾花的特征,这特征可以反映鸢尾花的本质特点。

埃德加·安德森用尺子精确测量并记录下150株鸢尾花花瓣的长度和宽度,并根据自己的专业知识,为每株鸢尾花进行品种标注,即标明该株鸢尾花属于山鸢尾类还是变色鸢尾类(见表2-1)。

表2-1 鸢尾花部分样本数据集

鸢尾花	花瓣长度/cm	花瓣宽度/cm	类别
1	1.1	0.2	Iris-setosa(山鸢尾)
2	1.3	0.3	Iris-setosa(山鸢尾)
3	1.5	0.4	Iris-setosa(山鸢尾)
4	1.6	0.4	Iris-setosa(山鸢尾)
5	3.5	1.0	Iris-versicolor(变色鸢尾)
6	4.0	1.3	Iris-versicolor(变色鸢尾)
7	4.7	1.6	Iris-versicolor(变色鸢尾)
8	5.1	1.6	Iris-versicolor(变色鸢尾)

用x_1表示花瓣的长度,用x_2表示花瓣的宽度,一方面,(x_1,x_2)是平面直角坐标系中的一个点,另一方面,花瓣的长度、宽度是鸢尾花的特征,因此,称(x_1,x_2)为特征点。由于平面上的点同时也是一个向量,因而也称(x_1,x_2)为特征向量。由于每株鸢尾花是我们研究对象中的一个实例,这样就称(x_1,x_2)为一个实例的特征点或特征向量。

2.1.3 感知机模型

根据表2-1,在平面直角坐标系中画出鸢尾花数据集中的一些实例样本的特征点,如图 2－3 所示。

从图上可以直观地发现，变色鸢尾花的特征点靠近平面右上方，山鸢尾花的特征点靠近平面左下方，中间能有一条直线 $w_1x_1 + w_2x_2 + b = 0$ 将这两部分特征点分开，对应着将实例样本分成变色鸢尾、山鸢尾两类，用 $\{1, -1\}$ 表示这两个类别。那么函数

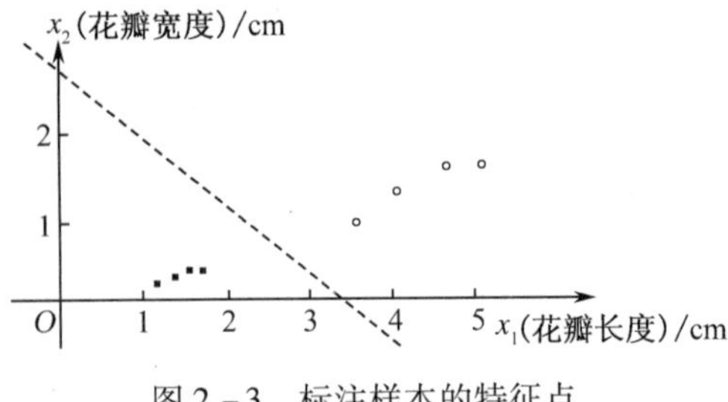

图 2－3　标注样本的特征点

$$g(x) = \text{sign}(w_1x_1 + w_2x_2 + b) = \begin{cases} 1, & w_1x_1 + w_2x_2 + b > 0 \\ -1, & w_1x_1 + w_2x_2 + b < 0 \end{cases}$$

就称为感知机（perceptron），它实现了从实例的特征点到实例类别的对应，完成了实例的分类。其中 w_1, w_2, b 为感知机模型参数，w_1, w_2 叫作权值（weight），b 叫作偏置（bias）。求解感知机模型的过程就是根据实例样本的数据求解模型参数 w_1, w_2, b 的过程。

感知机学习策略：人工智能利用实例样本数据，依算法自动运算，优化出参数 w_1, w_2, b，为此需要为机器确定一个学习策略。最常见的一种学习策略就是定义一个损失函数并优化该函数。

为定义损失函数，先看任意一个样本 (x_1, x_2)，它的样本标注信息为 y；$y = 1$ 表示该实例是变色鸢尾花，$y = -1$ 表示该实例是山鸢尾花。

假设直线 $w_1x_1 + w_2x_2 + b = 0$ 是我们要找的分类直线，那么，对任一个样本点 (x_1, x_2)，$y \cdot (w_1x_1 + w_2x_2 + b) > 0$ 总成立。以图 2－3 为例，直线右上方的点 (x_1, x_2) 满足 $w_1x_1 + w_2x_2 + b > 0$，因为直线右上方的点是变色鸢尾花，所以 $y = 1$，所以 $y \cdot (w_1x_1 + w_2x_2 + b) > 0$；直线左下方的点 (x_1, x_2) 满足 $w_1x_1 + w_2x_2 + b < 0$，因为直线左下方的点是山鸢尾花，所以 $y = -1$，所以 $y \cdot (w_1x_1 + w_2x_2 + b) > 0$。

反之，如果存在一个样本点 (x_1, x_2)，标注为 y，不满足 $y \cdot (w_1x_1 + w_2x_2 + b) > 0$，即 $y \cdot (w_1x_1 + w_2x_2 + b) < 0$，或者说 $-y \cdot (w_1x_1 + w_2x_2 + b) > 0$，那么称该样本点被误分类了。因为此时若 $y = 1$，样本点 (x_1, x_2) 必须在直线的右上方，但根据 $-y \cdot (w_1x_1 + w_2x_2 + b) > 0$，有 $w_1x_1 + w_2x_2 + b < 0$，这意味着点 (x_1, x_2) 在直线 $w_1x_1 + w_2x_2 + b = 0$ 的左下方。这个矛盾说明，样本点 (x_1, x_2) 被错误分类了，这个错误是由直线 $w_1x_1 + w_2x_2 + b = 0$ 造成的，必须调整参数 w_1, w_2, b，继而修正直线，改正被误分类的点。若 $y = -1$，道理是一样的。以 M 为误分类点的集合，对 $(x_1, x_2) \in M$，定义损失函数为

$$L(w_1, w_2, b) = -\sum_{(x_1, x_2) \in M} y \cdot (w_1x_1 + w_2x_2 + b) \tag{2-1}$$

其中，$y = 1$ 或 $y = -1$ 是对应的点 (x_1, x_2) 的分类标注。

例 2－2　根据表 2－1 中的数据集，假设分类直线是 $0.5x_1 + x_2 - 4 = 0$（见图 2－4），求损失函数值。

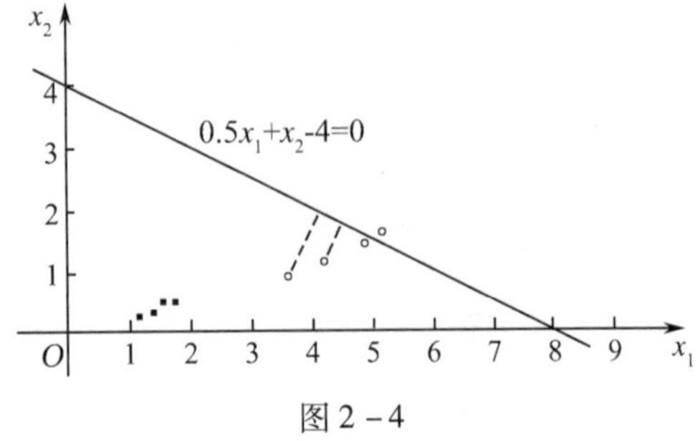

图 2－4

解：点 (1.1,0.2)，(1.3,0.3)，(1.5,0.4)，(1.6,0.4) 标注 $y = -1$，是负实例点，在直线 $0.5x_1 + x_2 - 4 = 0$ 的左下方，分类正确。

点(5.1,1.6)标注 $y=1$,是正实例点,在直线 $0.5x_1+x_2-4=0$ 的右上方,分类正确。

点(3.5,1.0),(4.0,1.3),(4.7,1.6)标注 $y=1$,是正实例点,在直线 $0.5x_1+x_2-4=0$ 的左下方,被误分类。

对点(3.5,1.0),$0.5\times3.5+1.0-4=-1.25$;

对点(4.0,1.3),$0.5\times4.0+1.3-4=-0.7$;

对点(4.7,1.6),$0.5\times4.7+1.6-4=-0.05$。

代入式(2-1),损失函数值为 $1.25+0.7+0.05=2$。

2.1.4　感知机学习算法

确定了感知机损失函数,需要进一步给出优化该损失函数的具体计算方法,即感知机学习算法,从而最终确定模型参数 w_1,w_2,b。

损失函数 $L(w_1,w_2,b)$ 是非负的,每消除一个误分类点,损失函数值就变小一点,因此感知机学习算法就是极小化损失函数,即

$$\min_{w_1,w_2,b} L(w_1,w_2,b)=-\sum_{(x_1,x_2)\in M} y\cdot(w_1x_1+w_2x_2+b) \tag{2-2}$$

随机选取一个误分类点(x_1,x_2),对 w_1,w_2,b 按下式进行更新:

$$\begin{cases} w_1 \leftarrow w_1+\eta y x_1 \\ w_2 \leftarrow w_2+\eta y x_2 \\ b \leftarrow b+\eta y \end{cases} \tag{2-3}$$

式中,$\eta(0<\eta\leqslant1)$是步长,称为学习率(learning rate),是指每一次更新参数的程度大小;y 是误分类点(x_1,x_2)的标注信息,$y=1$ 或 $y=-1$。式(2-3)的直观意思是,若一个实例点被误分类,通过这样调整 w_1,w_2,b 的值,使直线 $w_1x_1+w_2x_2+b=0$ 向该误分类点的一侧移动,损失函数 $L(w_1,w_2,b)$的值不断变小,直到该直线越过这个误分类点使其被正确分类,如此循环,直至全部误分类点被正确分类。这也是感知机模型的学习过程。具体算法如下:

第一步:选取初始分类器参数 w_1,w_2,b;

第二步:在训练集中选取一个训练数据,如果这个训练数据被误分类,即 $y\cdot(w_1x_1+w_2x_2+b)<0$,则按照式(2-3)的规则更新参数(将箭头右边更新后的值赋给左边的参数);

第三步:回到第二步,直到训练数据中没有误分类的数据为止。

例 2-3　已知两类数据集如图 2-5 所示,其中正实例点是 $\alpha_1(2.5,2.5)$,$\alpha_2(4,3)$,负实例点是 $\alpha_3(1,1)$。使用感知机学习算法求感知机模型 $g(x)=\text{sign}(w_1x_1+w_2x_2+b)$。

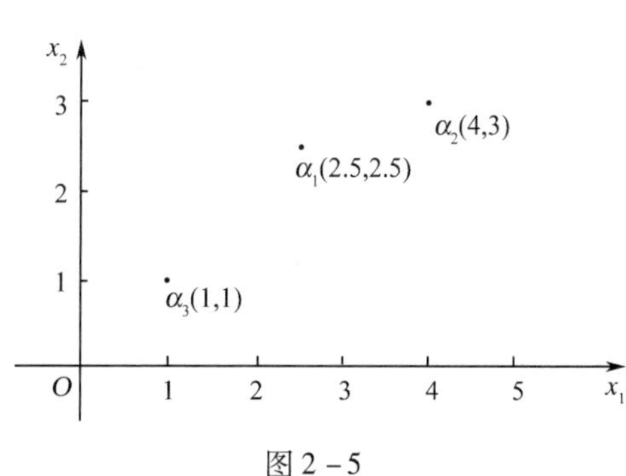

图 2-5

解:构建最优化问题:

$$\min_{w_1,w_2,b} L(w_1,w_2,b)=-\sum_{(x_1,x_2)\in M} y\cdot(w_1x_1+w_2x_2+b)$$

取学习率 $\eta=1$。

(1)取初始值:$w_1=0, w_2=0, b=0$。

(2)对点(2.5,2.5),$y\cdot(w_1x_1+w_2x_2+b)=1\times(0\times2.5+0\times2.5+0)=0$。

点2.5被误分类,更新 w_1, w_2, b:

$w_1 \leftarrow w_1+\eta yx_1=0+1\times1\times2.5=2.5$;

$w_2 \leftarrow w_2+\eta yx_2=0+1\times1\times2.5=2.5$;

$b \leftarrow b+\eta y=0+1\times1=1$。

更新后的线性模型是 $w_1x_1+w_2x_2+b=2.5x_1+2.5x_2+1$。

(3)对点(2.5,2.5),(4,3),$y\cdot(2.5x_1+2.5x_2+1)>0$,被正确分类,不调整 w_1, w_2, b。

对点(1,1),$y\cdot(2.5x_1+2.5x_2+1)=-1\times(2.5\times1+2.5\times1+1)=-6<0$,被误分类,更新 w_1, w_2, b:

$w_1 \leftarrow w_1+\eta yx_1=2.5+1\times(-1)\times1=1.5$;

$w_2 \leftarrow w_2+\eta yx_2=2.5+1\times(-1)\times1=1.5$;

$b \leftarrow b+\eta y=1+1\times(-1)=0$。

更新后的线性模型是 $w_1x_1+w_2x_2+b=1.5x_1+1.5x_2$。

(4)重复上述过程,直到 $w_1=1.5, w_2=0.5, b=-3$。

对所有数据点,$y\cdot(1.5x_1+0.5x_2-3)>0$,没有误分类点,故所求的感知机模型为

$$g(x)=\text{sign}(1.5x_1+0.5x_2-3)$$

迭代过程如表2-2所示。

表2-2　例2-3求解的迭代过程

迭代次数	参数 w_1	参数 w_2	偏置 b	$w_1x_1+w_2x_2+b$	误分类点	任取误分类点
0	0	0	0	0	$\alpha_1, \alpha_2, \alpha_3$	α_1
1	2.5	2.5	1	$2.5x_1+2.5x_2+1$	α_3	α_3
2	1.5	1.5	0	$1.5x_1+1.5x_2+0$	α_3	α_3
3	0.5	0.5	-1	$0.5x_1+0.5x_2-1$	α_3	α_3
4	-0.5	-0.5	-2	$-0.5x_1-0.5x_2-2$	α_1, α_2	α_2
5	3.5	2.5	-1	$3.5x_1+2.5x_2-1$	α_3	α_3
6	2.5	1.5	-2	$2.5x_1+1.5x_2-2$	α_3	α_3
7	1.5	0.5	-3	$1.5x_1+0.5x_2-3$	无	

2.1.5　感知机训练

式(2-1)定义的损失函数不是连续函数,实践中常用均方差(Mean Square Error, MSE)损失(又称“L2 损失”)函数 *loss*:

$$loss=(out-\text{期望输出})^2$$

此损失函数在输出 *out* 等于期望输出时，才能取最小值，且最小值为 0。

针对均方差损失函数 *loss*，式(2-3)中的参数调整规则为

$$\begin{cases} w_1 \leftarrow w_1 - \eta \cdot 2(out - \text{期望输出}) \cdot x_1 \\ w_2 \leftarrow w_2 - \eta \cdot 2(out - \text{期望输出}) \cdot x_2 \\ b \leftarrow b - \eta \cdot 2(out - \text{期望输出}) \end{cases} \tag{2-4}$$

下面通过实际例子说明用均方差(MSE)的训练过程(以表 2-3 中的数据为例)，具体要求是：

(1)输入 x_1 和 x_2，$x_1 \in (0,1)$，$x_2 \in (0,1)$。

(2)输出 *out* 尽量接近 $\max(x_1, x_2)$，即 x_1, x_2 中较大的那个数。

表 2-3　用 L2 损失函数训练感知机

样本编号	x_1	x_2	期望输出
1	0.1	0.8	0.8
2	0.5	0.3	0.5
3	0.7	0.2	0.7
⋮	⋮	⋮	⋮

取学习率 $\eta = 0.1$，令初始参数 $w_1 = 0, w_2 = 0, b = 0$。

训练第一组样本：

输入：$x_1 = 0.1, x_2 = 0.8$；

输出：$out = w_1 x_1 + w_2 x_2 + b = 0 \times 0.1 + 0 \times 0.8 + 0 = 0$；

期望输出：0.8；

损失：$loss = (out - \text{期望输出})^2 = 0.8^2 = 0.64$。

根据式(2-4)更新权重：

$w_1 \leftarrow w_1 - \eta \cdot 2(out - \text{期望输出}) \cdot x_1 = 0 - 0.1 \times 2 \times (0 - 0.8) \times 0.1 = 0.016$；

$w_2 \leftarrow w_2 - \eta \cdot 2(out - \text{期望输出}) \cdot x_2 = 0 - 0.1 \times 2 \times (0 - 0.8) \times 0.8 = 0.128$；

$b \leftarrow b - \eta \cdot 2(out - \text{期望输出}) = 0 - 0.1 \times 2 \times (0 - 0.8) = 0.16$。

训练第二组样本：

参数：$w_1 = 0.016, w_2 = 0.128, b = 0.16$；

输入：$x_1 = 0.5, x_2 = 0.3$；

输出：$out = w_1 x_1 + w_2 x_2 + b = 0.016 \times 0.5 + 0.128 \times 0.3 + 0.16 = 0.2064$；

期望输出：0.5；

损失：$loss = (out - \text{期望输出})^2 = (0.2064 - 0.5)^2 = 0.0862$。

根据式(2-4)更新权重：

$w_1 \leftarrow w_1 - \eta \cdot 2(out - \text{期望输出}) \cdot x_1 = 0.016 - 0.1 \times 2 \times (0.2064 - 0.5) \times 0.5 = 0.04536$；

$w_2 \leftarrow w_2 - \eta \cdot 2(out - 期望输出) \cdot x_2 = 0.128 - 0.1 \times 2 \times (0.2064 - 0.5) \times 0.3 = 0.145616$；

$b \leftarrow b - \eta \cdot 2(out - 期望输出) = 0.16 - 0.1 \times 2 \times (0.2064 - 0.5) = 0.21872$。

训练第三组样本：

参数：$w_1 = 0.04536, w_2 = 0.145616, b = 0.21872$；

输入：$x_1 = 0.7, x_2 = 0.2$；

输出：$out = w_1x_1 + w_2x_2 + b = 0.04536 \times 0.7 + 0.145616 \times 0.2 + 0.21872 = 0.27960$；

期望输出：0.7；

损失：$loss = (out - 期望输出)^2 = 0.17674$。

……

训练几百个样本后，会看到参数在 $w_1 = 0.5, w_2 = 0.5, b = 0.1666\cdots = \frac{1}{6}$附近振荡。

可用 Excel 表验证，请参看实验实训一。

2.2　支持向量机

2.2.1　数学知识回顾

1. 两点间的距离

平面上点 $A(a_1, a_2)$，$B(b_1, b_2)$间的距离是 $\sqrt{(b_1 - a_1)^2 + (b_2 - a_2)^2}$，三维空间内点 $A(a_1, a_2, a_3)$，$B(b_1, b_2, b_3)$间的距离是 $\sqrt{(b_1 - a_1)^2 + (b_2 - a_2)^2 + (b_3 - a_3)^2}$，这是欧几里得距离(Euclidean distance)。

两点之间线段最短，如果两点之间不能连成直线，如图 2-6 所示，在城市内的街道上，行人或汽车只能走纵横笔直的街道才能从 $A(a_1, a_2)$至 $B(b_1, b_2)$，可这样定义 A，B 间的距离：$|b_1 - a_1| + |b_2 - a_2|$。该距离称为街道距离(street distance)。三维空间内的点 $A(a_1, a_2, a_3)$，$B(b_1, b_2, b_3)$间的街道距离是 $|b_1 - a_1| + |b_2 - a_2| + |b_3 - a_3|$。点 $A(a_1, a_2, \cdots, a_n)$，$B(b_1, b_2, \cdots, b_n)$间距离的一般表达式为

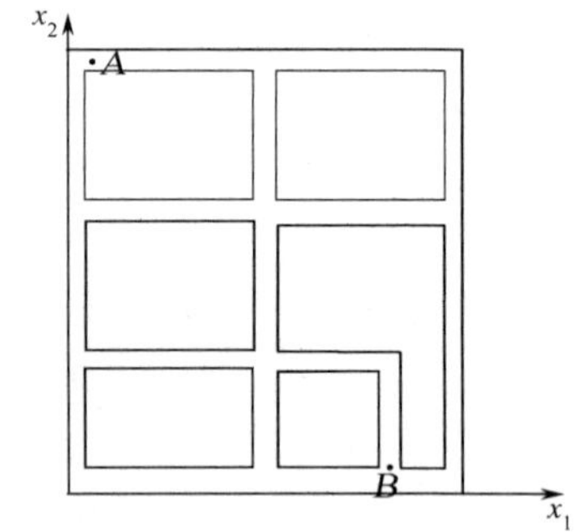

图 2-6　街道距离

$$L_p(A,B) = (|b_1 - a_1|^p + |b_2 - a_2|^p + \cdots + |b_n - a_n|^p)^{\frac{1}{p}} \tag{2-5}$$

式(2-5)称为闵可夫斯基距离(Minkowski distance)。

当 $p = 1$ 时，式(2-5)即为街道距离：

$$L_1(A,B) = |b_1 - a_1| + |b_2 - a_2| + \cdots + |b_n - a_n|$$

当 $p = 2$ 时，式(2-5)即为欧几里得距离：

$$L_2(A,B) = (|b_1 - a_1|^2 + |b_2 - a_2|^2 + \cdots + |a_n - b_n|^2)^{\frac{1}{2}}$$

当 $p = \infty$ 时，式(2-5)为各个坐标距离的最大值，也是一种距离，即

$$L_\infty(A,B) = \max\{|b_1 - a_1|, |b_2 - a_2|, \cdots, |b_n - a_n|\}$$

2. 点到直线的距离

点 $A(a_1,a_2)$ 到平面上一条直线 $w_1x_1+w_2x_2+b=0$ 的距离(见图 2-7)为

$$\frac{|w_1a_1+w_2a_2+b|}{\sqrt{w_1^2+w_2^2}}$$

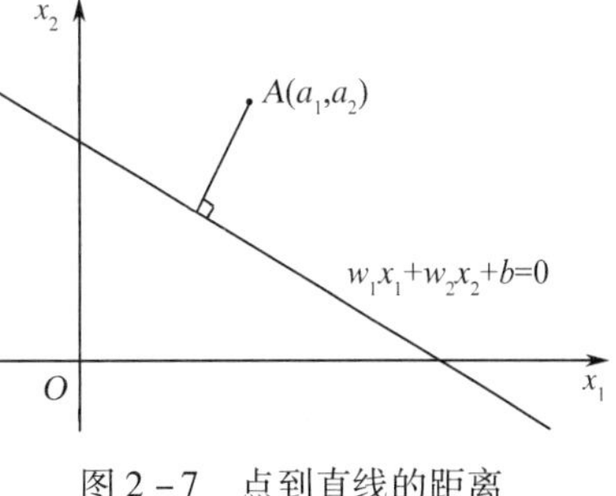

图 2-7　点到直线的距离

同样地,空间内的点 $A(a_1,a_2,a_3)$ 到空间内一个平面 $w_1x_1+w_2x_2+w_3x_3+b=0$ 的距离为

$$\frac{|w_1a_1+w_2a_2+w_3a_3+b|}{\sqrt{w_1^2+w_2^2+w_3^2}}$$

3. 一阶、二阶导数及综合实例

下面以函数 $f(x)=\frac{1}{3}x^3-x^2-3x+4$ 为例,说明其导数、单调性及凸凹性。

(1)一阶导数:$f'(x)=x^2-2x-3=(x+1)(x-3)$,有两个极值点 $x=-1,x=3$。

(2)函数的单调性:当 $f'(x)>0$,即 $x\in(-\infty,-1)\cup(3,+\infty)$ 时,$f(x)$ 单调上升;当 $f'(x)<0$,即 $x\in(-1,3)$ 时,$f(x)$ 单调下降。

(3)二阶导数:$f''(x)=2x-2=2(x-1)$,有一个拐点 $x=1$。

(4)函数的凸凹性:当 $f''(x)<0$,即 $x\in(-\infty,1)$ 时,$f(x)$ 为凹函数;当 $f''(x)>0$,即 $x\in(1,+\infty)$ 时,$f(x)$ 为凸函数。

4. 梯度和二阶正定矩阵

梯度是一阶导数的多维推广,正定矩阵是二阶导数的多维推广,梯度之于曲面,犹如一阶导数之于曲线,一阶导数反映曲线的单调性(单调上升或单调下降),梯度反映曲面的陡峭程度。

2.2.2　线性支持向量机

支持向量机也是对两个类别进行分类,感知机是支持向量机的基础,由 1.1 节可知,通过样本数据,可以训练出感知机模型,也就是一条分类直线,将平面上的正实例点与负实例点分开,选择不同的初始参数或者学习率,会得到不同的分类直线。这些不同的分类直线有优劣之分吗?

对任一条分类直线,以它为对称轴向两侧等距离推进,两侧直线中的任一条触碰到实例点即停止,没有触碰到实例点的继续推进,直到触碰到实例点为止。这就是正、负实例点到该分类直线的距离,也是两个类别中离分类直线最近的点到直线的距离。这样的正、负实例点到分类直线的距离之和称为分类间隔(classification margin),如图 2-8 所示。

对应分类间隔最大的那条分类直线称为最大间隔分类直线,它有如下特点:首先,它是唯一的;其次,正、负实例点到该分类直线的距离相等,我们记为 γ;最后,所有的实例点到该分类直线的距离都不小于 γ,即分类直线由距离等于 γ 的实例点所确定,所以这些实例点被称为支持向量(support vector)。正类、负类支持向量中间的那条分类直线就是支持向量机。

显然,支持向量是最难被分类的样本数据,但同时也是对求解分类任务最有价值的数据。

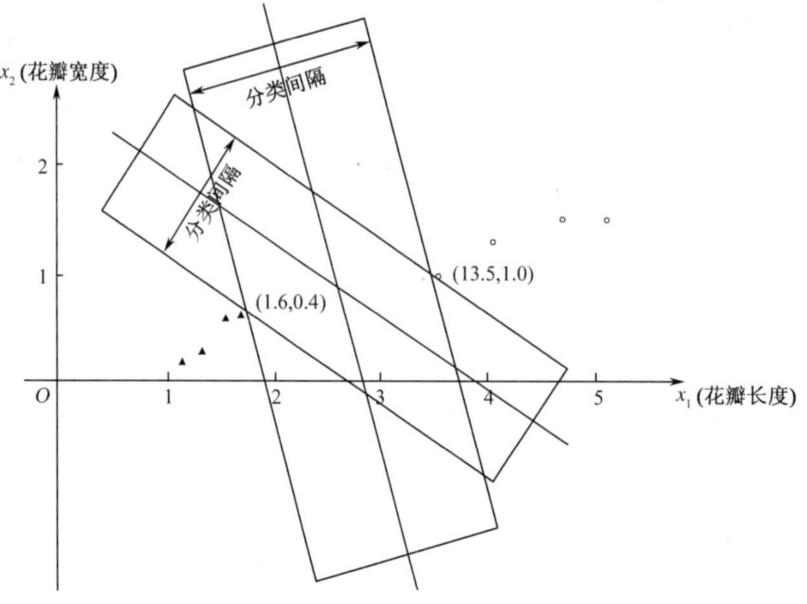

图 2－8　分类直线与分类间隔

2.2.3　损失函数

假设直线 $w_1x_1 + w_2x_2 + b = 0$ 能将样本数据集正确分类，由于直线 $w_1x_1 + w_2x_2 + b = 0$ 与直线 $\lambda w_1x_1 + \lambda w_2x_2 + \lambda b = 0(\lambda \neq 0)$ 是同一条直线，因此，为了方便，可将正类支持向量点到直线 $w_1x_1 + w_2x_2 + b = 0$ 的间隔设为 1，即 $w_1x_1 + w_2x_2 + b = 1$。由于正、负类支持向量到分类直线的间隔是一样的，所以负类支持向量点 (x_1, x_2) 到分类直线的间隔也是 1，即 $w_1x_1 + w_2x_2 + b = -1$。

分类间隔 2γ 是正类与负类支持向量到分类直线的距离之和，如图 2－9 所示。

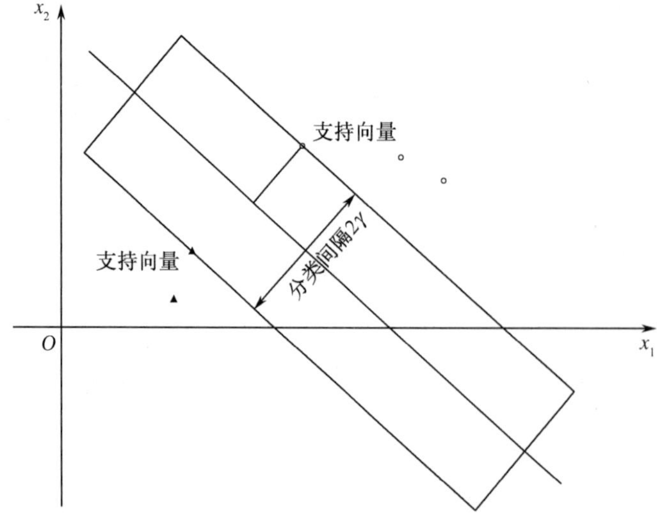

图 2－9　支持向量

利用点到直线的距离公式,可得

$$2\gamma=\frac{|w_1x_1+w_2x_2+b|}{\sqrt{w_1^2+w_2^2}}+\frac{|w_1x_1+w_2x_2+b|}{\sqrt{w_1^2+w_2^2}}=\frac{2}{\sqrt{w_1^2+w_2^2}}$$

$y=1$ 或 $y=-1$ 是类标记,那么,若 $y=1$,则有 $w_1x_1+w_2x_2+b>0$;若 $y=-1$,则有 $w_1x_1+w_2x_2+b<0$。所以 $y\cdot(w_1x_1+w_2x_2+b)>0$。对正类支持向量$(x_1,x_2)$,$y\cdot(w_1x_1+w_2x_2+b)=1$,所以对所有正实例点:

$$y\cdot(w_1x_1+w_2x_2+b)\geqslant 1$$

对负类支持向量(x_1,x_2),同样有 $y\cdot(w_1x_1+w_2x_2+b)=1$,所以对所有负实例点:

$$y\cdot(w_1x_1+w_2x_2+b)\geqslant 1$$

支持向量机模型就是寻找最大间隔分类直线,即寻找参数 w_1,w_2,b,使得 γ 最大,即

$$\max_{w_1,w_2,b}\frac{2}{\sqrt{w_1^2+w_2^2}}$$

同时,要求所有的实例点满足

$$\text{s.t.}\quad y\cdot(w_1x_1+w_2x_2+b)\geqslant 1$$

为便于计算,将最大化 γ 等价于最小化$\frac{1}{\gamma}$,同样等价于最小化$\frac{1}{\gamma^2}=\frac{1}{2}(w_1^2+w_2^2)$,于是可得支持向量机的损失函数为

$$\begin{cases}\min\limits_{w_1,w_2,b}\frac{1}{2}(w_1^2+w_2^2)\\ \text{s.t.}\quad y\cdot(w_1x_1+w_2x_2+b)\geqslant 1,\text{对所有的样本数据点}(x_1,x_2)\end{cases}\tag{2-6}$$

例 2-4　已知一个如图 2-10 所示的训练数据集,其正实例点是 $\alpha_1=(2.5,2.5)$,$\alpha_2=(4,3)$,负实例点是 $\alpha_3=(1,1)$,试求最大间隔分类直线。

解:将正实例点 $\alpha_1=(2.5,2.5)$,$\alpha_2=(4,3)$,$y=1$ 和负实例点 $\alpha_3=(1,1)$,$y=-1$ 代入式(2-6),得

$$\begin{cases}\min\limits_{w_1,w_2,b}\frac{1}{2}(w_1^2+w_2^2)\\ \text{s.t.}\quad 2.5w_1+2.5w_2+b\geqslant 1\\ \qquad 4w_1+3w_2+b\geqslant 1\\ \qquad -w_1-w_2-b\geqslant 1\end{cases}$$

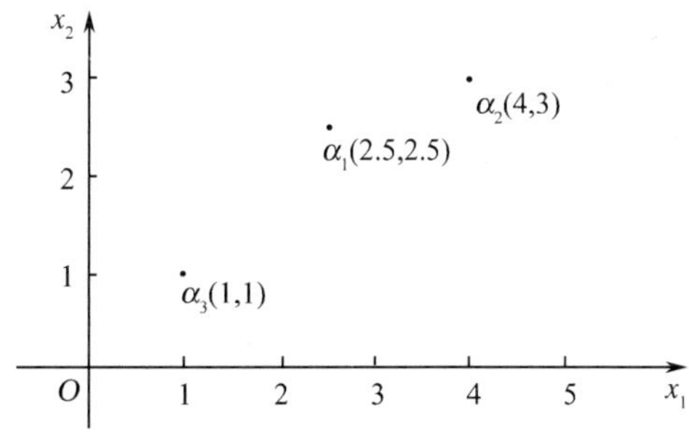

图 2-10　最大间隔分类直线示例

构建拉格朗日(Lagrange)函数:

$$L(w_1,w_2,b)=\frac{1}{2}(w_1^2+w_2^2)+\lambda_1(2.5w_1+2.5w_2+b-1)+\lambda_2(4w_1+3w_2+b-1)+\lambda_3(-w_1-w_2-b-1)$$

$$\frac{\partial L}{\partial w_1}=w_1+2.5\lambda_1+4\lambda_2-\lambda_3=0$$

$$\frac{\partial L}{\partial w_2}=w_2+2.5\lambda_1+3\lambda_2-\lambda_3=0$$

$$\frac{\partial L}{\partial b}=\lambda_1+\lambda_2-\lambda_3=0$$

$$\frac{\partial L}{\partial \lambda_1} = 2.5w_1 + 2.5w_2 + b - 1 = 0$$

$$\frac{\partial L}{\partial \lambda_2} = 4w_1 + 3w_2 + b - 1 = 0$$

$$\frac{\partial L}{\partial \lambda_3} = -w_1 - w_2 - b - 1 = 0$$

解得 $b = -\frac{7}{3}, w_1 = w_2 = \frac{2}{3}$。

所以最大间隔分类直线为 $\frac{2}{3}x_1 + \frac{2}{3}x_2 - \frac{7}{3} = 0$。

实验实训一　训练线性分类器

实验实训指导：

输入 Excel 表，如表 2－4 所示。

表 2－4　用 Excel 表训练感知机

	A	B	C	D	E	F	G	H	I	J
1	t	x_1	x_2	目标	w_1	w_2	b	*out*	MSE	η
2	0	= RAND( )	= RAND( )	= MAX(B2,C2)	0	0	0	= B2 * E2 + C2 * F2 + G2	= (H2 − D2) * (H2 − D2)	= 0.2 * POWER (0.997, A2)
3	1									
4	2									

表中，t 代表当前训练的样本编号，学习率 $\eta = 0.2$，然后每个样本减少至原来的 0.997 倍，实验证明这样的效果最好。根据式(2－4)：

E3 单元格：= E2 − J2 * 2 * (H2 − D2) * B2

F3 单元格：= F2 − J2 * 2 * (H2 − D2) * C2

G3 单元格：= G2 − J2 * 2 * (H2 − D2)

将表格下拉几百行自动填充，效果如表 2－5 所示。

表 2－5　填充后的效果

	A	B	C	D	E	F	G	H	I	J
1	t	x_1	x_2	目标	w_1	w_2	b	*out*	MSE	η
2	0	0.69	0.61	0.69	0	0	0	0	0.4770	0.2
3	1	0.12	0.84	0.84	0.19	0.17	0.28	0.44	0.1515	0.199
										0.199
										0.198
										0.198
										0.197
										…

训练几百个样本后可得到 $w_1 = \frac{1}{2}, w_2 = \frac{1}{2}, b = \frac{1}{6}$,可在 Excel 表中插入数据图。

在上述训练过程中,我们每次只选取一个样本,然后根据运行结果调整参数,这就是随机梯度下降(Stochastic Gradient Descent, SGD)。

实验实训报告(一)

姓　名		班　级		组　别	
实验实训名称				数据集	
主要步骤					
结果分析					
评　　价					

习题二

1. 已知一个如图 2－11 所示的训练数据集，其正实例点是 $\alpha_1=(3,3)$，$\alpha_2=(4,3)$，负实例点是 $\alpha_3=(1,1)$。试用感知机学习算法求感知机模型 $g(x)=\mathrm{sign}(w_1x_1+w_2x_2+b)$。

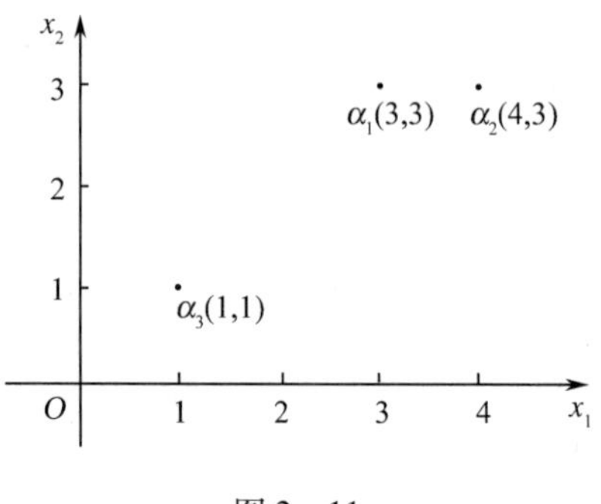

图 2－11

2. 已知一个如图 2－11 所示的训练数据集，其正实例点是 $\alpha_1=(3,3)$，$\alpha_2=(4,3)$，负实例点是 $\alpha_3=(1,1)$。试求最大间隔分类直线。

3. 假设甲、乙两班学生合堂上课，座位如图 2－12 所示，图中“△”为甲班学生，“☆”为乙班学生。如果后来进来一个学生坐在 D 处，由于 D 周边甲班学生居多，故预测 D 也是甲班的学生，这称为投票法。K－近邻法（K-nearest neighbor，KNN）指对新输入的实例按简单投票法则，预测其类别归属。试用 K－近邻法则预测 A，B，C 各是哪班学生。

☆	☆	☆	☆	☆	☆				△	△	△	△	△	△
☆	☆	☆	☆	☆	☆				△	△	△	△	△	△
☆	☆	☆	☆	☆	☆				△	△	△	△	D	△
☆	☆	☆	☆	☆	☆	☆	☆	△	△	△	△	△	△	△
☆	☆	☆	☆	☆	☆	☆	△	☆	△	△	△	△		△
☆	☆	B	☆	☆	☆	☆	C	△	△	△	△	△	△	△
☆	☆	☆	☆	☆	☆	☆	△	☆	△	△	△	△		△
☆	☆	☆	☆	☆	☆	☆	☆	△	△	A	△	△	△	△
☆	☆	☆	☆	☆	☆					△	△		△	△
☆	☆	☆	☆	☆	☆					△		△	△	△

图 2－12

第三章　深度学习

深度学习的理论基础是神经网络，学习和掌握神经网络的相关知识，将有助于构建和调整合适的深度学习模型并将其部署到实际应用中。

人工神经网络的相关研究最早可以追溯到 20 世纪 40 年代，由心理学家麦卡洛克（McCulloch）和数学逻辑学家皮茨（Pitts）提出的 M－P 神经元模型。这一模型是受生物神经网络的启发而提出的，其基本特点是试图模仿大脑的神经元之间传递和处理信息的模式。成人的大脑中大约有 1000 亿个神经细胞（neuron），这些细胞间通过轴突和树突来传递和接受化学物质，并引起细胞体的电位变化。

在生物神经网络体系中，一个神经元通常具有多个树突，主要用来接受传入信息；而轴突只有一条，轴突尾端有许多轴突末梢可以给其他多个神经元传递信息（见图 3－1）。轴突末梢跟其他神经元的树突产生连接，从而传递信号。每个神经元均与其他多个神经元相连，当它“兴奋”时，就会通过轴突向其他神经元发送化学物质，从而改变这些神经元内的电位；如果某个神经元的电位超过了某个特定值（阈值），那么它就会被激活，即进入“兴奋”状态，向下一个神经元发送化学物质。

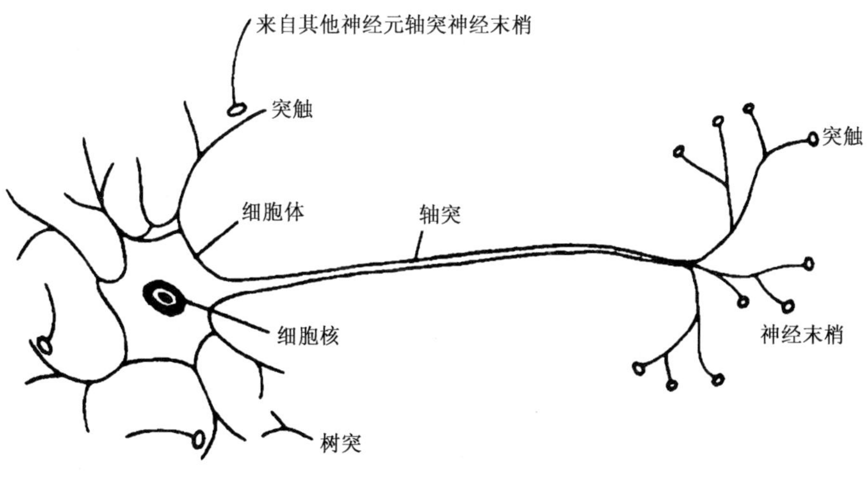

图 3－1　生物神经元

1943 年，McCulloch 和 Pitts 将上述复杂生物学原理抽象成一个简单的模型并用简洁的数学公式描述，这就是我们一直沿用至今的“M－P 神经元模型”。M－P 模型证明了单个神经元能执行逻辑功能，并为后来的神经网络模型搭建指明了方向。1958 年，康奈尔大学的实验心理学家弗兰克·罗森布拉特（Frank Rosenblatt）在计算机上模拟实现了一种

"感知机"的神经网络模型。这个模型可以完成一些简单的视觉处理任务,这引起了极大的轰动。但是随后,有关神经网络的研究又陷入了低谷。虽然在 1986 年,鲁姆哈特(D. Rumelhart)和辛顿(G. Hinton)等人提出了反向传播(Back Propagation,BP)算法,解决了两层神经网络的复杂计算问题,从而带动了业界使用两层神经网络研究的热潮,但很快就被支持向量机(SVM)取代。20 年之后的 2006 年,深耕神经网络的 Hinton 教授在《科学》杂志上发表了利用受限玻尔兹曼机编码的深层神经网络的论文《Reducing the Dimensionality of Data with Neural Networks》(神经网络用于降维),重新定义了神经网络,带来了神经网络复苏的又一春,掀起了新一轮冠以深度学习之名的人工智能浪潮。

今天,神经网络已经是一个相当大的、多学科交融的学科领域,越来越多的应用领域和实用场景正积极地拥抱人工智能,在模式识别、智能控制、序列预测、智能医疗等领域已经成功地解决了很多实际问题。

我们首先从一个神经元讲起,然后了解单层神经网络(感知机)、双层神经网络(多层感知机)以及深度学习。最后,我们将简要介绍当前主流的卷积神经网络架构和递归神经网络架构。

3.1　由生物神经元到 M－P 模型

3.1.1　神经元模型

神经网络是一门非常重要的机器学习技术。

神经元是构成神经网络的最基本单元。其基本特性与人体的生物神经元相似,即接受一组输入信号并和阈值进行比较,进而判断输出值。

在 M－P 神经元模型中,神经元接收到的是来自前面 n 个神经元传递过来的信号,这些数值通过带权重的连接进行传递。神经元接收到的总输入值将与神经元自身的阈值相比较,并最终通过"激活函数"进行输出(见图 3－2)。

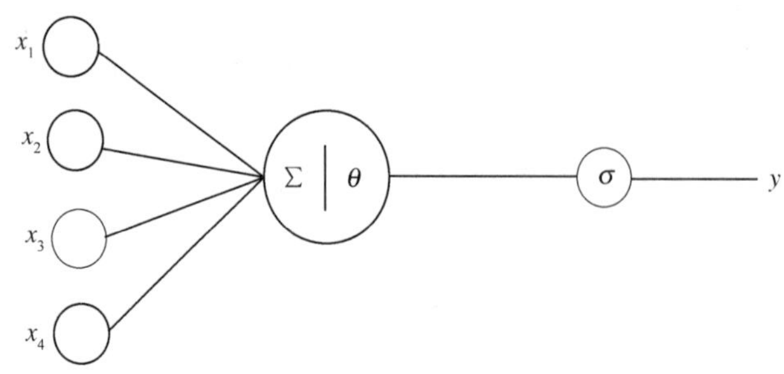

图 3－2　M－P 神经元模型

神经元模型的公式可表述为

$$y=\sigma\left(\sum_i w_i \cdot x_i-\theta\right) \tag{3-1}$$

图中,x_1, x_2, x_3, x_4 分别指的是来自第一个到第四个神经元的输入,w_1 代表第一个输入的连接权重，即表示不同输入对当前神经元的影响力不同，并以此类推。中部的圆代表当前神经元，σ 代表激活函数。公式(3－1)的含义是，将前面所有神经元的输入值和权重相乘求和，再与阈值函数相比较。最后通过激活函数 σ 处理，得到输出结果。

这里我们假设 $x_1=1, x_2=2, x_3=0, x_4=-1$，权重值依次是 1，2，－1，0.3，阈值是 0.6，在未加上激活函数时，当前输出是$(1\times1+2\times2+0\times(-1)+(-1)\times0.3-0.6)=4.1$。

为了更好地理解权重和阈值的关系，我们可以将阈值视为一个固定输入值为－1 的权重。图 3－3 是比图 3－2 更直观的神经元模型，更好理解。此后，我们可以将阈值称为偏置项，这样它也成了网络输入的一部分。

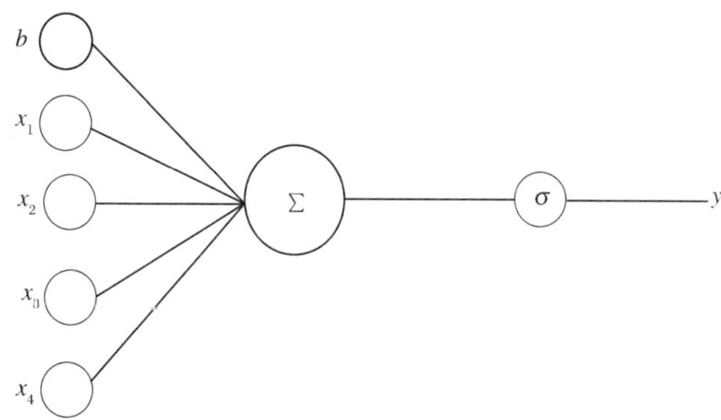

图 3－3　加入偏置项的神经元模型

加入偏置项的神经元模型的公式为

$$y=f(\sum w_i \cdot x_i) \tag{3-2}$$

阶跃函数是最常见的激活函数之一，它可以表示为：

$$U(x)=\begin{cases}1, & x\geqslant 0\\ 0, & x<0\end{cases} \tag{3-3}$$

选择阶跃函数作为激活函数，即总体输入大于阈值时激活，小于阈值时抑制。

在神经元模型中，权重值和阈值都是预先设定好的，不具备自我学习的能力。为了增加自我学习的能力，需要能调整参数权重值和阈值。

3.1.2　感知机重述

在了解基本的神经元模型后，我们将进一步探索神经网络的特点和意义。神经网络的实际问题，大体上可以分为回归问题和分类问题。这两个名词虽然听起来比较抽象，但本质是一样的，都是依据输入做出预测。其区别在于输出的类型：分类问题的输出是离散型变量（如＋1，－1，＋2 等），是一种定性输出；而回归问题的输出是连续型变量，是一种定量输出。通俗地说，预测明天是否下雨（是或者否）属于分类问题，预测明天降雨量的数值多少属于回归问题。不论是分类问题还是回归问题，神经网络都能发挥很大的作用。

1958 年,来自美国的计算机专家罗森布拉特(Rosenblatt)在神经元模型的基础上提出了感知机的概念,这是最早的人工神经网络,第二章中的感知机概念也源于此,两者等价。感知机是由两层神经元构成的神经网络,输入层接受输入信号后传递给输出层,输出层则是标准的 M - P 神经元,如图 3 - 4 所示。

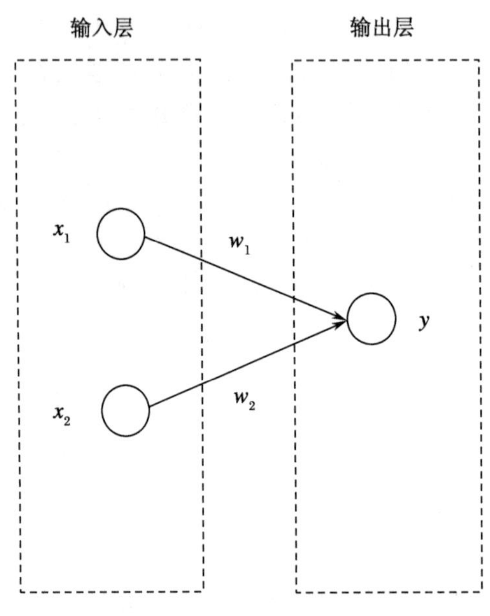

图 3 - 4　感知机模型

例 3 - 1　在图 3 - 4 中,输出值为 $y=f(\sum_i w_i x_i-\theta)$,假设激活函数 f 是阶跃函数,则有:

当 $w_1=w_2=1$ 时,令 $\theta=2$,则 $y=f(1\cdot x_1+1\cdot x_2-2)$。仅当 $x_1=x_2=1$ 时,输出 y 是 1,这就是"与"问题。

当 $w_1=w_2=1$ 时,令 $\theta=0.5$,则 $y=f(1\cdot x_1+1\cdot x_2-0.5)$。当 x_1 或者 x_2 有一个为 1 时,输出 y 是 1,这就是"或"问题。

当 $w_1=-0.6, w_2=0$ 时,令 $\theta=-0.5$,则 $y=f(-0.6\cdot x_1+0\cdot x_2+0.5)$。当 x_1 为 1 时,输出 y 是 0;当 x_1 为 0 时,输出 y 是 1。这就是"非"问题。

解:计算"与"的情形:

当 x_1,x_2 为(0,0)时,$y=f(1\times0+1\times0-2)=f(-2)=0$;

当 x_1,x_2 为(0,1)时,$y=f(1\times0+1\times1-2)=f(-1)=0$;

当 x_1,x_2 为(1,0)时,$y=f(1\times1+1\times0-2)=f(-1)=0$;

当 x_1,x_2 为(1,1)时,$y=f(1\times1+1\times1-2)=f(0)=1$。

"或""非"的情形作为习题。

布尔逻辑运算结果如表 3 - 1 所示。

表 3-1　布尔逻辑运算结果

x_1	x_2	与	或	异或
0	0	0	0	0
0	1	0	1	1
1	0	0	1	1
1	1	1	1	0

事实上,感知机是一种判别式的线性分类模型,可以解决“与”“或”“非”这样的简单的线性可分(linearly separable)问题。阈值 θ 在计算中可以人为设定,为了使阈值随学习进行变化,我们将阈值看作一个固定输入值为 -1 的神经元的连接权重(注意:这个神经元并没有实际输入,我们默认其值为 -1)。这样做的好处是:将权重和阈值的学习统一为权重的学习,便于后续搭建深度网络。

从模型上看,感知机和 M-P 神经元似乎很相似,但是感知机的权值是通过训练得到的,正如第二章所示。通过不断调整网络权重,使得网络预测输出值和实际真实值之间的误差不断减小,最终达到一个合理范围,则训练过程结束。但是由于它只有一层功能神经元(M-P 神经模型),所以学习能力非常有限。事实证明,单层感知机无法解决最简单的非线性可分问题——“异或”问题。这在当时也令有关神经网络的研究陷入低谷。1969 年,人工智能领域的著名学者明斯基指出了感知机的局限性,他用严谨的数学公式证明了感知机对非线性问题没有解决能力,这就提出了增加隐含层的问题。

3.1.3　多层感知机

所谓非线性可分问题,是指用一条直线无法准确地分开两种类型。例如,你能用一条直线分开图 3-5 中的菱形和圆形吗?显然这是不可行的。这个问题就是线性不可分问题。

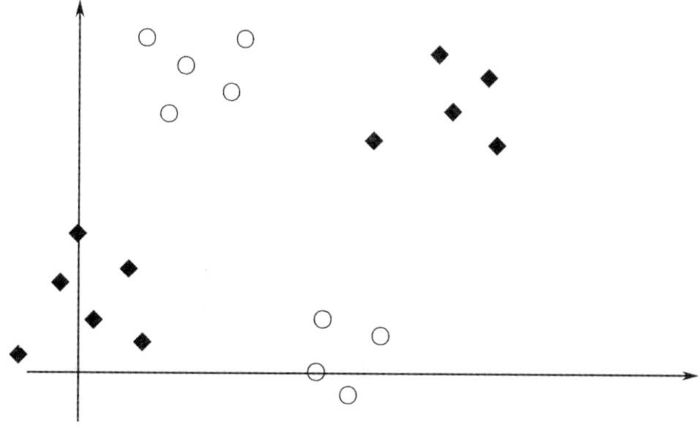

图 3-5　线性不可分问题图示

下面看一个具体案例。“异或”问题是指:如果两个值不相同,则“异或”结果为1;如果两个值相同,则“异或”结果为0。无论怎么调整权重和阈值,我们的单层感知机均不能解决这一非线性可分问题,需要增加网络层数。我们可以增加一层网络,称为隐含层,这样就实现了两层感知机。图3-6是能够实现“异或”问题的两层感知机结构,图中的权重参数和阈值是最佳结果。

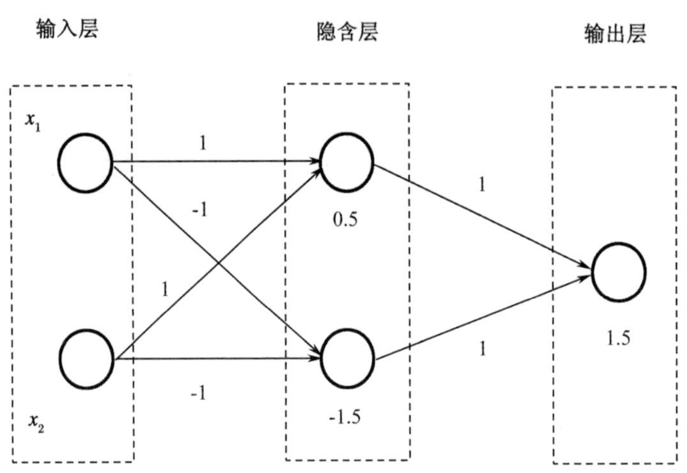

图3-6　能解决“异或”问题的两层感知机

例3-2　用阶跃函数计算增加了隐含层的图3-6能解决“异或”问题。

解:参见表3-1,(x_1,x_2)共分为(1,1),(1,0),(0,1),(0,0)四种情形,本例只计算(0,1)这种情形,其他三种情形见习题。

隐含层只有上、下两个神经元,由(0,1)即$x_1=0,x_2=1$可计算出x_1,x_2对这两个神经元的输出值,该值同时作为下一层的输入。

隐含层上一个神经元的值为

$$y=f(w_1x_1+w_2x_2-\theta)=f(1\times 0+1\times 1-0.5)=f(0.5)=1$$

隐含层下一个神经元的值为

$$y=f(w_1x_1+w_2x_2-\theta)=f((-1)\times 0+(-1)\times 1+1.5)=f(0.5)=1$$

所以,输出层神经元的值为

$$y=f(w_1x_1+w_2x_2-\theta)=f(1\times 1+1\times 1-1.5)=f(0.5)=1$$

更一般地,我们可以通过加深网络层数,让每一层的神经元与下一层的神经元全互连,神经网络间不存在同层连接,也不存在跨层连接,这样的神经网络称为前馈神经网络(feedforward neural network)。网络中的各个神经元接受前一级的输入,并且输出到下一级神经元中,网络中没有反馈,即数据的流向始终是从左往右(从输入往输出中去)的。图3-7展示了一个常见的多层感知机模型。

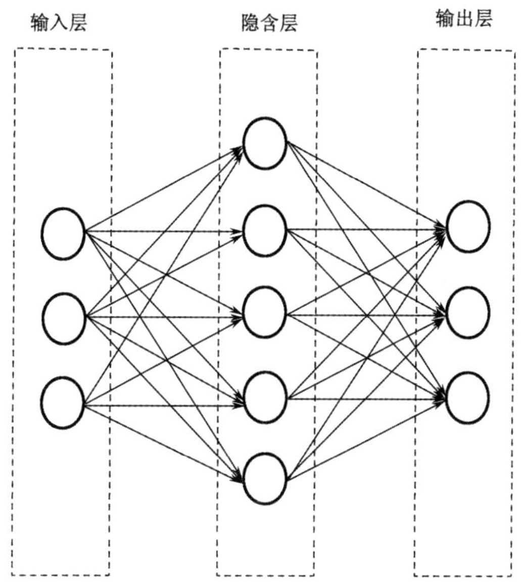

图 3－7 更常见的多层感知机示意图

3.1.4 反向传播算法

反向传播算法的出现,带来了新一轮的研究热潮,其目前已经可以应用于语音识别、图像识别等领域。但是神经网络仍然存在若干问题:尽管使用了反向传播算法,一次神经网络的训练仍然耗时太久,而且困扰训练优化的一个问题就是局部最优解问题,这使得神经网络的优化较为困难。图 3－8 就是一个陷入局部最优解的局面,圆圈代表你所处的位置,而菱形代表你的真实目的地。现在的你,是不是觉得自己已经在最低点了呢?实际上这个点被称为极值点,但并非最优值点。这一问题使得神经网络的训练变难,我们的学习过程一旦陷入局部最优解就很难跳出来。

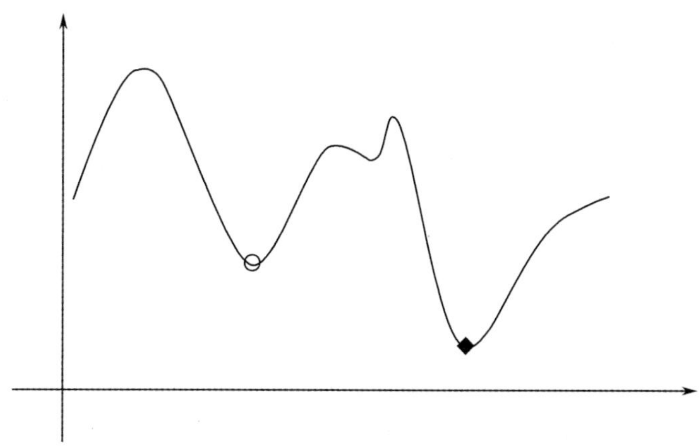

图 3－8 局部最优解和全局最优解

前馈网络和反向传播构成了当代神经网络的基石。除了书中所讲的部分外，神经网络还有很多改进和变化。比如反向传播算法，误差从输出层反向传播时会乘以 sigmoid 函数的导数，而该导数的最大值才只有 0.25。这就会出现梯度弥散问题，即误差经过每一层传递都会不断衰减。当网络层数很深时，误差值会逐渐消失，无论怎么训练，最初几层的网络权重都不会有变化。为此，我们可以将激活函数由 sigmoid 改为修正线性单元(Rectified Linear Unit, ReLU)。为应对局部极小值，也可以在反向传播的过程中使用随机梯度下降(SGD)或者加入动量项，以跳出局部极值点。

3.2　卷积神经网络

2006 年，一篇《科学》上的大作横空出世，作者就是我们前面提到的辛顿(Hinton)教授。他在论文中首先提出了深度信念网络的概念。和我们前面通过一轮一轮的训练不同，深度信念网络加入了“预训练”过程，这可以非常快速地寻找到一个近似最优解的值，最后通过全局“微调”来优化整个网络。这两种方法非常高效地减少了训练多层神经网络的时间。同时，Hinton 也为这种能够学习训练多层神经网络的方法赋予了新的名字——“深度学习”。

在今天看来，Hinton 的这篇论文有着非常深远的影响和意义，他把深度神经网络重新带回人们的视野中。自 2006 年后，越来越多的学者和公司开始了对深度学习的研究，开始大规模地使用卷积神经网络(Convolutional Neural Networks, CNN)，同时，高性能计算技术的井喷式发展，也为更深层的网络学习提供了运算支持。以英伟达(Nvidia)为代表的芯片公司为神经网络的计算提供了加速支持，推出了特斯拉(Tesla)系列等高性能计算显卡，这也进一步推动了深度学习技术的发展。最后，各种开源框架也为深度学习研究者和应用场景提供了便利。2012 年，在当年的 ImageNet 图片识别大赛上，Hinton 的学生使用多层卷积网络取得了最佳成绩，这个网络中出现了卷积层、ReLU 非线性激活层、池化层、全连接层、softmax 归一化指数层等内容。

卷积神经网络是深度学习算法在图像处理领域，尤其是人脸识别领域的一种具体应用。通过卷积层实现对空域局部信息的提取，通过降采样层实现对数据的进一步降维处理，利于数据计算。同时，通过局部极值的方式增加网络的鲁棒性。最后，通过全连接层实现对全局信息的数据融合和数据描述(见图 3－9)。

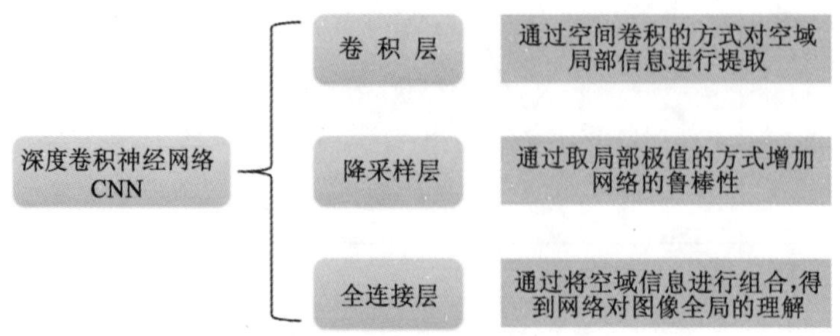

图 3－9　卷积神经网络的组成

3.2.1　卷积层

1. 向量内积

如图3－10(a)所示,平面上的点(x_1,x_2)可以看作从原点指向该点的向量,所以我们直接用坐标表示向量。

平面上两个向量(x_1,x_2)和(y_1,y_2)的内积定义为

$$(x_1,x_2)\cdot(y_1,y_2)=x_1y_1+x_2y_2$$

显然,可用内积表示向量(x_1,x_2)的长度$\sqrt{x_1^2+x_2^2}$:

$$(x_1,x_2)\cdot(x_1,x_2)=x_1^2+x_2^2$$

也可用内积表示向量(y_1,y_2)的长度$\sqrt{y_1^2+y_2^2}$:

$$(y_1,y_2)\cdot(y_1,y_2)=y_1^2+y_2^2$$

假设向量(x_1,x_2)和(y_1,y_2)之间的夹角为θ,那么$\cos\theta$可由内积表示为

$$\cos\theta=\frac{x_1y_1+x_2y_2}{\sqrt{x_1^2+x_2^2}\cdot\sqrt{y_1^2+y_2^2}}$$

通过习题证明发现,上述$\cos\theta$的定义与中学里学习的公式[以图3－10(b)为例]

$$\cos\theta=\frac{a^2+b^2-c^2}{2ab}$$

是一致的。

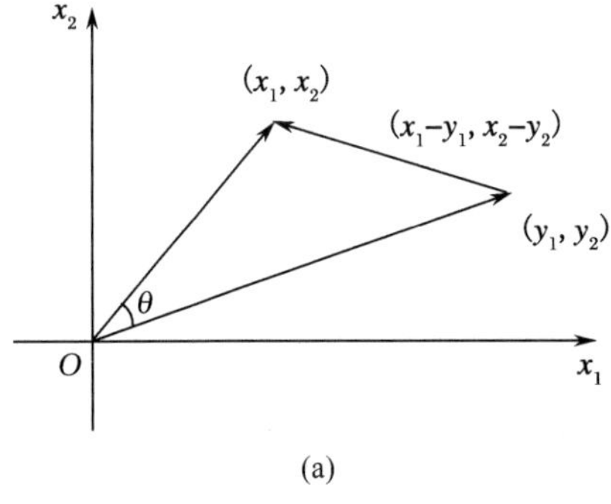

(a)

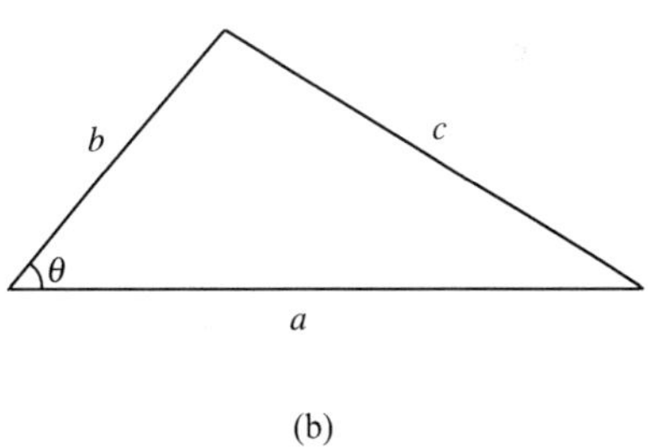

(b)

图3－10

同样地,空间中的两个向量(x_1,x_2,x_3)和(y_1,y_2,y_3)的内积定义为

$$(x_1,x_2,x_3)\cdot(y_1,y_2,y_3)=x_1y_1+x_2y_2+x_3y_3$$

假设向量(x_1,x_2,x_3)和(y_1,y_2,y_3)之间的夹角为θ,那么$\cos\theta$可由内积表示为

$$\cos\theta=\frac{x_1y_1+x_2y_2+x_3y_3}{\sqrt{x_1^2+x_2^2+x_3^2}\cdot\sqrt{y_1^2+y_2^2+y_3^2}}$$

2. 向量的卷积运算

长短两向量上对齐,维数相同的向量作内积,短向量依次下滑作内积,内积结果组成的向量就是这两个向量的卷积(convolution),如图3－11所示。

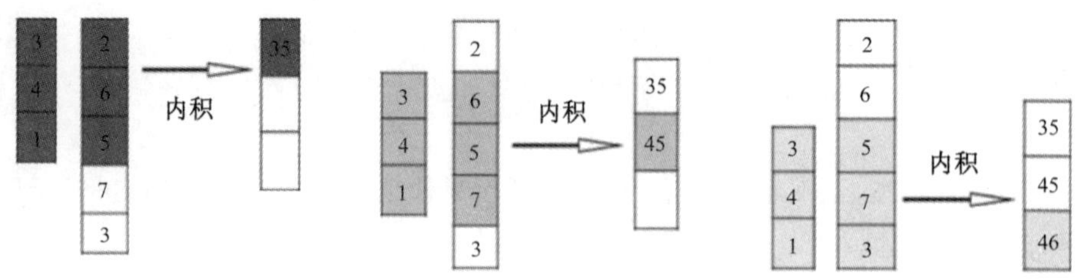

图 3－11 向量的卷积运算

3. 矩阵的卷积运算

矩阵的卷积运算如图 3－12 所示。

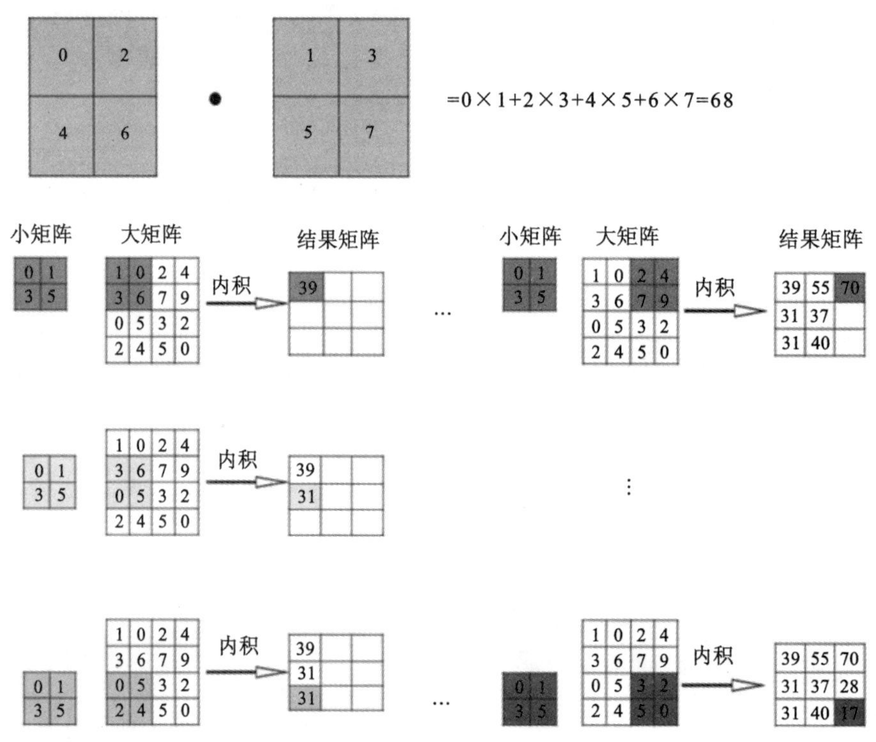

图 3－12 矩阵的卷积运算

卷积的本质意义在于：图像的空间联系也是局部的像素联系较为紧密，而距离较远的像素相关性则较弱。以图 3－13(a)为例，假设我们有一个 1000×1000 像素的图像，有 100 万个隐层神经元，那么全连接(每个隐层神经元都连接图像的每一个像素点)就有 $1000\times1000\times1000000=10^{12}$个连接，也就是 10^{12}个权值参数。然而，图像的空间联系是局部的，就像人是通过一个局部的特征去感受外界图像一样，每一个神经元都不需要对全局图像进行感受，而是只感受局部的图像区域，然后在更高层，将这些感受不同局部的神经元综合起来就可以得到全局的信息了。这样，我们就可以减少连接的数目，也就是减少神经网络需要训练的权值参数的个数。如图 3－13(b)所示，假如局部感受野是 10×10，隐层每个感受野只需要和这 10×10 的局部图像相连接,所以 100 万个隐层神经元就只有 1 亿个连接,即 10^8 个参数,比原来的 10^{12}减少了 4 个 0(数量级)。通过卷积,大大降低了计算量。

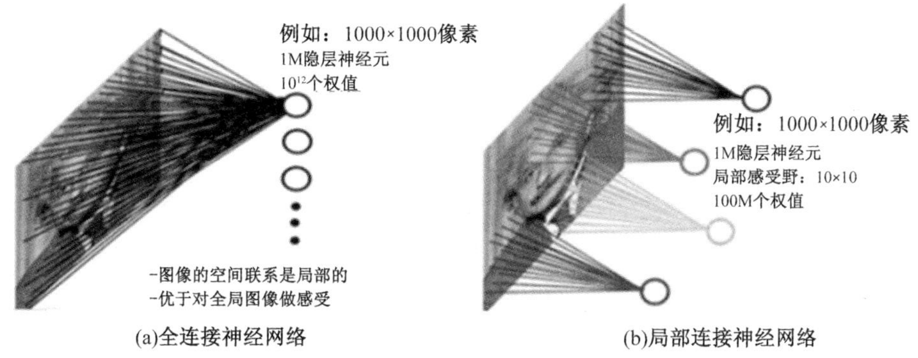

图 3-13 神经网络参数

但其实这样参数仍然过多,因此我们需要进一步处理。于是我们引入权值共享。在上面的局部连接中,每个神经元都对应 100 个参数,一共 1000000 个神经元,如果这 1000000 个神经元的 100 个参数都是相等的,那么参数数目就变为 100 了。怎么理解权值共享呢？我们可以将这 100 个参数(也就是卷积操作)看成提取特征的方式,该方式与位置无关。这其中隐含的原理则是:图像一部分的统计特征与其他部分是一样的。这也意味着,我们在这一部分学习的特征也能用在另一部分上,所以对于这个图像上的所有位置,我们都能使用同样的学习特征。

更直观地说,当从一个大尺寸图像中随机选取一个小块,比如说 8×8 作为样本,并且从这个小块样本中学习到了一些特征时,这时我们可以把从这个 8×8 样本中学习到的特征作为探测器,应用到这个图像的任意地方。特别是,我们可以用从 8×8 样本中所学习到的特征跟原本的大尺寸图像作卷积,从而对这个大尺寸图像上的任一位置获得一个不同特征的激活值。图 3-14 展示了一个 3×3 的卷积核在 5×5 的图像上作卷积的过程。每个卷积都是一种特征提取方式,就像一个筛子,将图像中符合条件(激活值越大,越符合条件)的部分筛选出来。

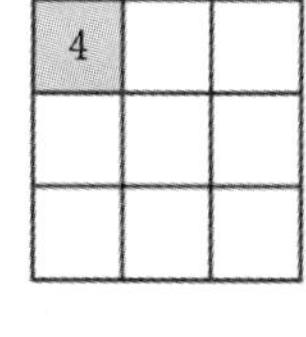

$1_{\times1}$	$1_{\times0}$	$1_{\times1}$	0	0
$0_{\times0}$	$1_{\times1}$	$1_{\times0}$	1	0
$0_{\times1}$	$0_{\times0}$	$1_{\times1}$	1	1
0	0	1	1	0
0	1	1	0	0

图 3-14

3.2.2 非线性激活层 ReLU

在搭建神经网络时,选择合适的激活函数至关重要。激活函数是在设计神经网络时,为增强网络的表达能力而人为加入的非线性因素。如果不加入激活函数,神经网络将只能处理模拟线性函数,在面对线性不可分问题时无能为力。加入激活函数后,我们的神经网络就拥有了处理非线性问题的能力。常见的激活函数除上述的阶跃函数外,还有

sigmoid函数、tanh 函数、ReLU 等。

Sigmoid 函数能够将大范围的输入压缩到(0,1)之间,并且严格单调,关于(0,0.5)成中心对称,是比较常见的激活函数。Sigmoid 函数对中间区域的输入信号有增益作用,对两侧区的输入值有抑制作用。Tanh 函数和 sigmoid 函数较为相似。

对于输入的特征向量或特征图,ReLU 能将其中小于 0 的元素变成 0,而保持其余元素的值不变,即为输出,计算简单快速,在实践应用中效果较好,在深度神经网络中得以广泛应用。

它们的图像如图 3-15 所示。

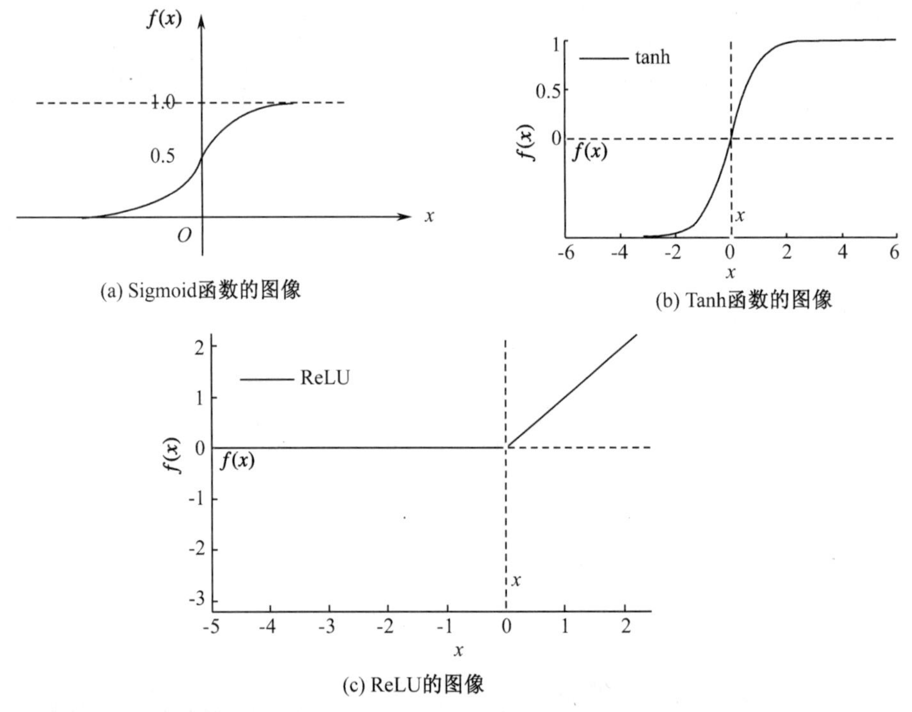

图 3-15 三种激活函数的图像

Sigmoid 函数的公式为

$$\sigma(x)=\frac{1}{1+\mathrm{e}^{-x}}$$

Tanh 函数的公式为

$$\tanh(x)=\frac{1-\mathrm{e}^{-2x}}{1+\mathrm{e}^{-2x}}$$

$$\tanh(x)=2\mathrm{sigmoid}(2x)-1$$

ReLU 的公式为

$$f(x)=\max(0,x)$$

3.2.3　池化层

池化层也称为“降采层”。在通过卷积获得了特征（features）之后，下一步我们希望利用这些特征去分类。从理论上讲，人们可以用所有提取到的特征去训练分类器，如 softmax 分类器，但这样做会面临计算量的挑战。例如，对于一个 96×96 像素的图像，假设我们已经学习得到了 400 个定义在 8×8 输入上的特征，每一个特征和图像卷积都会得到一个（96－8＋1）×（96－8＋1）＝7921 维的卷积特征，由于有 400 个特征，所以每个样例都会得到一个 7921×400＝3168400 维的卷积特征向量。学习一个拥有超过 300 万特征输入的分类器十分不便，并且容易出现过拟合（over－fitting）。为了解决这个问题，首先回忆一下，我们之所以决定使用卷积后的特征，是因为图像具有一种“静态性”的属性，这也就意味着在一个图像区域有用的特征极有可能在另一个区域同样适用。因此，为了描述大的图像，一个很自然的想法就是对不同位置的特征进行聚合统计。例如，人们可以计算图像一个区域上的某个特定特征的平均值（我们采用的是最大值），如图 3－16 所示。这些概要统计特征不仅具有低得多的维度（相比使用所有提取到的特征），同时还会改善结果（不容易过拟合）。这种聚合的操作就叫作池化（pooling），有时也称为“平均池化”或者“最大池化”。

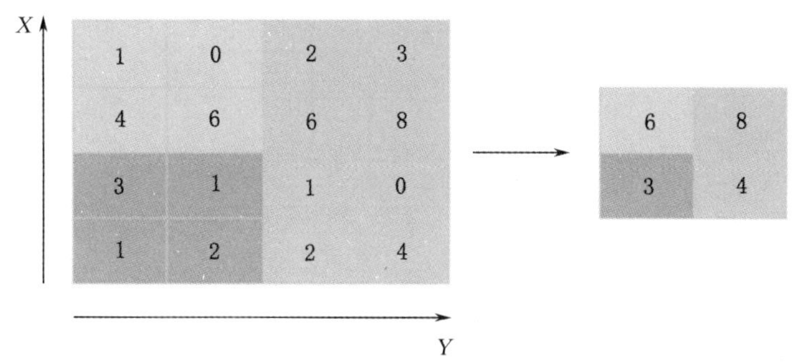

图 3－16　计算某个特定特征的平均值

3.2.4　全连接层

“完全连接”神经网络属于传统的神经网络，因为其中的每个输入都连接到每个输出，所以称为全连接层。全连接层的主要作用是将输入（比如图像）在经过卷积和池化操作后提取的特征压缩变换为特征向量，并且用若干相同维数的参数向量与该特征向量作内积运算（其实是一系列简单的矩阵运算），最终输出一个向量，进入到 softmax 函数中去。图 3－17 是一个全连接层的简化流程。

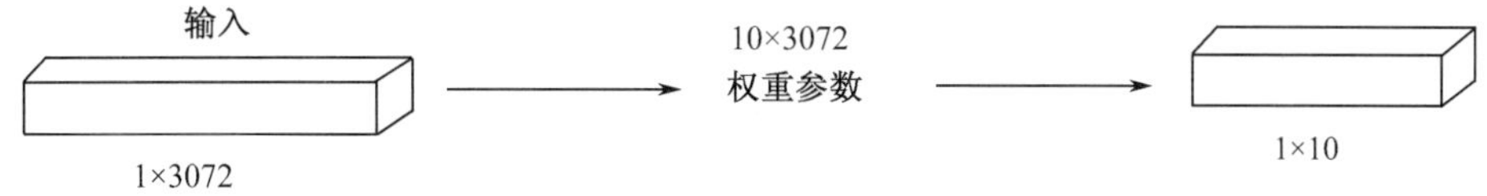

图 3－17　全连接层示意图

3.2.5　Softmax 归一化指数层

归一化指数函数 softmax 把向量$(z_1,z_2,\cdots,z_K)$“压缩”到另一个向量中，“压缩”指用指数函数 e^z 将元素的指数与所有元素的指数和作比值，将输入映射为 0 ~ 1 之间的实数，这样所有元素的和为 1，这个过程被称为归一化。

Softmax 的具体形式为

$$\sigma(z_j)=\frac{e^{z_j}}{\sum_{k=1}^{K}e^{z_k}}\quad(j=1,2,\cdots,k)\tag{3-4}$$

下例比较清晰地显示了 softmax 是怎么计算的：

例 3 - 3　利用归一化指数函数(softmax)将向量(-3,1,3)归一化。

解：因为 $e^{-3}=0.0497$，$e=2.7182$，$e^3=20.0855$，$e^{-3}+e+e^3=22.8536$，

所以向量(-3,1,3)可归一化为(0.0022,0.1189,0.8789)。

图 3 - 18 更直观地展示了 softmax 归一化的计算过程。

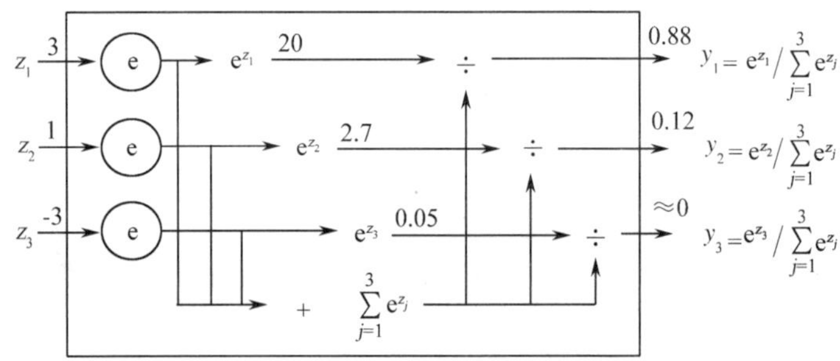

图 3 - 18　向量归一化的过程

Softmax 的含义是这样的：“argmax”是“argument maximum”(参数最大化)的缩写，argmax 函数的结果表示只选择出值最大的那个参数，不问其他参数，相当于只有一个元素为 1、其余元素都为 0 的向量，因而不是连续和可微的，softmax 函数提供了 argmax 的“软化”版本，它是连续且可微的。

3.2.6　AlexNet 的网络架构

一个卷积神经网络通常包括多个顺序连接的层，其中卷积层、池化层、全连接层是最主要的部分。图 3 - 19 展示了一个 AlexNet(2012 年 ImageNet 挑战赛冠军)的网络架构。

AlexNet 包括 5 个卷积层、3 个池化层和 3 个全连接层。卷积层的作用是学会识别输入数据的特性表征；在每一个卷积层后接一个 ReLU 以增加非线性因素；在第一层、第二层和第五层的卷积层后连接着池化层，通过减少卷积层之间的连接，降低图像分辨率和运算复杂程度。在网络后部有 3 个全连接层以及一个 softmax 分类器，用于预测图像所属的类别。对比传统机器学习来处理一张图像，我们需要通过人工设定的算法计算出图像内包含的特征值，进一步送入分类器，如 SVM 等得出结果；而在深度学习应用中，我们只需要将大量有标记的数据作为训练数据(如 1000 张猫和狗的图片)，那么当我们再次送入一

张图片时，计算机能告诉我们这张图到底是猫还是狗。可以看到，在机器学习算法中人工设计的特征，在深度学习中可以由计算机自主提取，并可以表达出更高层次的抽象特征。

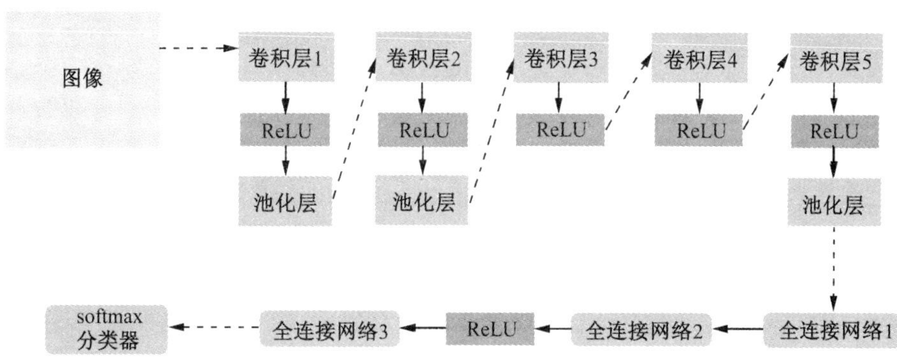

图 3－19　AlexNet 的网络架构

深度学习的"深"表现为网络隐含层的数目多，更进一步地代表着海量的模型参数。AlexNet 只有 5 个卷积层，而 2014 年的 GoogleNet 的卷积层数目已经是 21 个，2015 年的 ResNet 含有 151 个卷积层，2016 年的 PolyNet 有 500 多个卷积层。虽然这些网络设计并非简单的纵向叠加，卷积层数目增加也不代表网络层数也会等比例地增加，但是大体上仍然是网络越深，效果越好。这些深度神经网络一遍遍地刷新着各种挑战的最好成绩。图 3－20是历年 ILSVRC 竞赛（ImageNet 大规模视觉识别挑战赛）的冠军以及它们的分类错误率。

名称	2012 AlexNet	2014 GoogleNet	2015 ResNet
层数	8	22	152
卷积层数	5	21	151
错误率	16.4%	6.7%	3.57%

图 3－20　历年 ILSVRC 竞赛的冠军及其结构

3.3　循环神经网络

循环神经网络（Recurrent Neural Network，RNN）具有独特的循环体系，是一类用于处理序列数据的神经网络。就像卷积神经网络专门用于处理网格化数据（如图像）那样，循环神经网络专门用于处理序列数据。

前面在处理输入数据时,我们一直假设数据之间是相互独立的,输入与输出之间也是独立的,所以我们一直使用的是无反馈的前馈神经网络。但是,在现实世界中,很多东西都是互相关联的,比如前一时刻的股票价格和这一时刻的股票价格,前一时刻的天气和这一时刻的天气,是存在某种联系的。更通俗地来说,比如我来自法国,所以我会说“?”,从上下文来看,这里“?”处填“法语”更合适,填“苹果”或者“汉语”显然是不合适的。但是,如果让全连接网络或者卷积神经网络(CNN)去完成这件事就会相当困难,所以我们需要一个有记忆能力的网络,它就是循环神经网络。它的输出依赖于当前时刻的输入和记忆,在内部存在一定的反馈作用。

图 3-21 是循环神经网络的结构图和展开图,用一句话解释 RNN,就是一个单元结构重复使用。RNN 输入到隐含的连接由权重矩阵 $\boldsymbol{U}$ 参数化,隐含到隐含的循环连接由权重矩阵 $\boldsymbol{W}$ 参数化,隐含到输出的连接由权重矩阵 $\boldsymbol{V}$ 参数化。

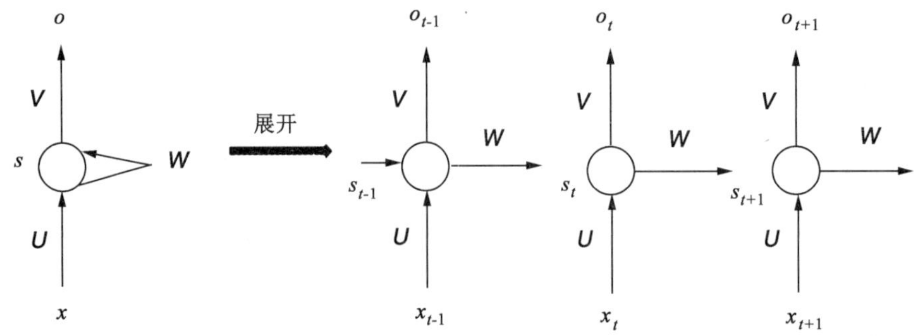

图 3-21　循环神经网络的结构图和展开图

图中,x_t 代表 t 时刻的输入,s_t 代表 t 时刻的记忆,而 o_t 代表 t 时刻的输出,当前时刻 t 的输出 o_t 是由记忆 s_{t-1} 和当前时刻的输入 x_t 决定的。这就好比你现在的知识水平,是今年上过的课的内容(输入)和以前上过的课的内容(记忆)的结合。当然了,在我们构建网络的过程中,也需要加入激活函数以引入非线性因素。

除了单向 RNN 外,还有双向 RNN,即可以从下文推出上文,如 LSTM(长短时记忆网络)、GRU(门控循环单元)等,其中 LSTM 及其变体 GRU 拥有更强大的记忆能力,在语音识别、机器翻译等领域内应用广泛。

可以用不同的神经网络实现既定目标。比如,在人脸识别任务中,人们更喜欢使用卷积神经网络(CNN),因为其本身的特点就适用于图像信息的处理。在语音识别领域内,循环神经网络(RNN)的应用更加广阔,因为其对有时序特征的数据处理效果较好。近年来,也有使用 CNN + RNN 对时序信号进行处理的研究,同时使用 RNN 进行图像处理也取得了一定的进展。

附录　反向传播算法

明斯基(Minsky)说过,感知机无法解决“异或”问题。但是如果增加一个计算层,三层神经网络不仅可以解决“异或”问题，而且可以实现非常好的非线性分类效果。不过三层神经网络的训练是一个问题，没有一个高效、便利的解法来找到合适的权重网络。所以在很长一段时间内，神经网络的研究陷入了冰河期。

直到 1986 年，Rumelhart 和 Hinton 提出了反向传播(Back Propagation, BP)算法，才有效地解决了两层神经网络的计算复杂程度。反向传播算法的诞生，标志着神经网络的研究正式从生物科学转向数学领域。

反向传播算法是由数学中的链式求导法则演变而来的。首先，我们需要算出网络预测值和真实值的差距，衡量这一差距的函数称为损失函数(loss function)。损失函数的计算方式有很多种，如交叉熵函数、均方误差等。随后，我们需要进行数学公式的推导，分别求出损失函数对每一个权重(包括阈值，将其视为一个输入值是 -1 的权重)的偏导数。最后，我们将得到的偏导数计算出来，乘以一个数值(我们称之为学习率)，将这一结果加到每一个权重上，实现这一轮的更新。

下面我们来简要说明反向传播的基本公式。

图 3 -22 所示是一个三层神经网络，包括一个输入层、一个隐含层和一个输出层。其中，对于每一个隐含层神经单元，其输入值为

$$\alpha_k = \sum_i v_{ik} \cdot x_i \qquad (3-5)$$

其中，v 代表由输入层到隐含层的权重网络；v_{ik} 表示第 i 个输入神经元到第 k 个隐含层神经元的权重；x_i 取实数。

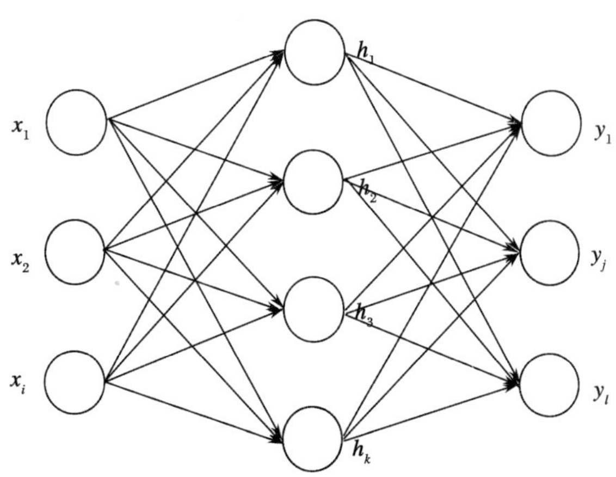

图 3 -22　反向传播网络示意图

对于每一个输出层神经单元，其输入值为

$$\beta_j = \sum_k w_{kj} \cdot b_k \qquad (3-6)$$

其中，w 代表由隐含层到输出层的权重网络；w_{kj} 表示第 k 个隐含神经元到第 j 个输出神经元的权重；b_k 表示隐含层的输入经过激活函数后的值，计算公式为

$$b_k = \frac{1}{1 + e^{-\alpha_k}} \qquad (3-7)$$

我们的输入值是(x_t, y_t)，假设神经网络的输出是y_t'，则网络的误差计算公式为

$$E_t = \frac{1}{2}\sum_{j=1}^{l}(y_j^{t'} - y_j^t)^2 \tag{3-8}$$

我们首先计算图3－22中，由第k个隐含层单元到第j个输出层单元的权重w_{kj}。

在每一轮训练中，权重w_{kj}的更新值为

$$\Delta w_{kj} = -\eta \cdot \frac{\partial E_t}{\partial w_{kj}} \tag{3-9}$$

在图3－22中，我们可以注意到，w_{kj}首先影响到第j个神经元的输入值β_j，然后再影响到其输出值$y_j^{k'}$，最后才影响到误差值E_k。由链式求导法则，有如下公式：

$$\frac{\partial E_t}{\partial w_{kj}} = \frac{\partial E_t}{\partial y_j^{t'}} \cdot \frac{\partial y_j^{t'}}{\partial \beta_j} \cdot \frac{\partial \beta_j}{\partial w_{kj}} \tag{3-10}$$

根据β_j的定义式(3－6)，我们可以得到

$$\frac{\partial \beta_j}{\partial w_{kj}} = b_k \tag{3-11}$$

而公式(3－10)的第二部分，即输出神经单元的输出值对输入值求偏导，就是对sigmoid函数求偏导。Sigmoid 函数有一个很好的特性：

$$f'(x) = f(x) \cdot (1 - f(x)) \tag{3-12}$$

因此，我们可以得到如下公式：

$$g_j = -\frac{\partial E_t}{\partial y_j^{t'}} \cdot \frac{\partial y_j^{t'}}{\partial \beta_j} = -(y_j^{t'} - y_j^t)(1 - y_j^{t'})y_j^{t'} \tag{3-13}$$

$$g_j = y_j^{t'} \cdot (1 - y_j^{t'}) \cdot (y_j^t - y_j^{t'}) \tag{3-14}$$

再把式(3－14)和式(3－11)代入式(3－9)中，我们可以算出，w_{kj}每次更新的公式为

$$\Delta w_{kj} = \eta g_j b_k \tag{3-15}$$

由此我们完成了对该参数的更新。参数η代表学习率，范围在(0,1)之间，过大会造成学习结果振荡，过小则参数更新速率过慢。

表3－2展示了反向传播的基本概念，以便理解。

表3－2　反向传播的基本概念

反向传播算法简述：
输入值：训练数据，学习率，迭代次数。 输出值：网络权重。 (1)依据初始化规则，初始化网络权重。 (2)开始每一轮迭代，迭代次数人为设定。 (3)在每一轮迭代中，遍历每个数据： ①通过前馈网络计算每一层的激活值，直到最后一层输出。 ②根据相应的损失函数计算出每一层的误差值(链式求导法则)。 ③计算对应的每一层的偏导数。 ④依据学习率，更新每一层的参数。 (4)结束该轮数据的遍历。 (5)结束整体迭代，得到训练好的网络权重。

实验实训二　人脸识别

1. 实验实训要求

(1)准备训练集并训练深度神经网络。

(2)用测试集检验神经网络人脸识别的效果。

(3)记录神经网络在测试集上的分类正确率。

2. 实验实训目的

(1)理解卷积的计算。

(2)体会深度神经网络自动学习特征的过程。

实验实训报告(二)

姓　名		班　级		组　别	
实验实训名称				数据集	
主要步骤					
结果分析					
评　　价					

习题三

1. 验证例 3 - 1 中的“或”“非”情形。
2. 验证例 3 - 2 中的其他三种情形。
3. 证明 3.2.1 节中对 $\cos\theta$ 的两种定义的一致性。
4. 利用归一化指数函数(softmax)将向量(-1,2,3)归一化。

第四章　贝叶斯分类器

4.1　贝叶斯概率

4.1.1　可列集

集合 $A=\{0,1,2,\cdots,n\}$ 是有限集,共有 $n+1$ 个元素,不是有限集的集合是无限集,自然数集 $\mathbf{N}=\{0,1,2,3,\cdots,n,\cdots\}$ 就是一个无限集。任给一个无限集 B,取其中一个元素 $b_0\in B$,则 $B-\{b_0\}$ 仍是无限集,再从 $B-\{b_0\}$ 中任取一个元素 $b_1\in B-\{b_0\}$,则 $B-\{b_0,b_1\}$ 仍是无限集,同样从 $B-\{b_0,b_1\}$ 中取一个元素 $b_2\in B-\{b_0,b_1\}$,则 $B-\{b_0,b_1,b_2\}$ 仍是无限集。如此不断重复,可得 B 中的这样一列元素:

$$b_0,b_1,b_2,\cdots,b_n,\cdots$$

显然存在一一对应:

$$\begin{array}{cccccc} \mathbf{N}:0, & 1, & 2, & \cdots, & n, & \cdots \\ \updownarrow & \updownarrow & \updownarrow & & \updownarrow & \\ b_0, & b_1, & b_2, & \cdots, & b_n, & \cdots \end{array}$$

上述过程说明,自然数集 $\mathbf{N}=\{0,1,2,3,\cdots,n,\cdots\}$ 是某种最小的无限集,叫作可列集,所有与自然数集 $\mathbf{N}$ 存在着一一对应的集合都是可列集。下列集合是可列集:

偶数集:$\{0,2,4,\cdots,2n,\cdots\}$

$\{0,1,\frac{1}{2},\frac{1}{3},\cdots,\frac{1}{n},\cdots\}$

$\{(0,0),(0,1),(1,0),(1,1),\cdots,(m,n),\cdots\},\qquad m,n\in\mathbf{N}$

思考:有理数集是可列集。

可列集是无限集,为了方便,将有限集与可列集统称为可数集。

离散的含义:本书中处理的变量主要取的是离散值,那么离散的含义是什么呢?显然数列

$$1,2,3,4,5,\cdots,n,\cdots$$

是离散的,那么数列

$$1,\frac{1}{2},\frac{1}{3},\cdots,\frac{1}{n},\cdots$$

是离散的吗?也是离散的,因为存在着一一对应:

$$\begin{array}{ccccccc} 1, & 2, & 3, & 4, & \cdots & n, & \cdots \\ \updownarrow & \updownarrow & \updownarrow & \updownarrow & & \updownarrow & \\ 1, & \frac{1}{2}, & \frac{1}{3}, & \frac{1}{4}, & \cdots, & \frac{1}{n}, & \cdots \end{array}$$

这样的与可列集存在着一一对应的数值就是离散的。

如图 4－1 所示，按图中曲线所走的方向数方格，可建立 x_1x_2 平面上的方格与 1，2，3，4，…，n，…的一一对应，所以平面 x_1x_2 上的方格是离散的。方格的刻度可以是 1，2，也可以是 1，1/2，$1/n$，即使方格非常小，平面上的方格也是离散的。例如一张照片，无论其分辨率多么高，其像素也是离散的。

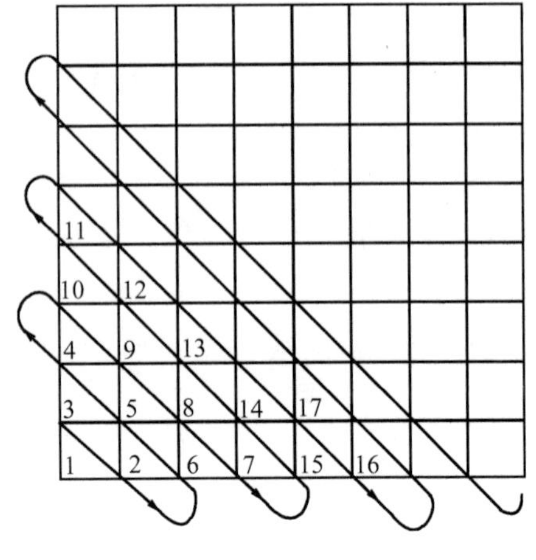

图 4－1

在概率统计中，常用大写字母表示随机变量，如 Y 或 X，用小写字母表示随机变量的取值，如 y 或 x，用 f 和 F 分别表示 X 的概率密度函数和累积分布函数，以记号 $X \sim f(x)$ 表示 X 服从密度为 $f(x)$ 的分布。一般地，以一条竖线，如 $f(x|\alpha,\beta)$ 表示密度函数 $f(x)$ 依赖于一个或多个参数。竖线"|"代表依赖。给定 $Y=y$ 时，X 的条件密度记为 $f(x|y)$，此时也称 $X|Y$ 具有密度 $f(x|Y)$。

4.1.2　贝叶斯概率

概率用于表述不确定性事件，贝叶斯概率（Bayesian probability）或主观概率（subjective probability）将概率视为对信念（belief）的度量，将主观概率理解为认识主体对事件发生的相信程度。例如，人们常说"明天八成会下雨"之类的话，这话反映了说话者对"明天下雨"的相信程度。听者普遍能理解说话者认为明天下雨的可能性是 80%，或者明天下雨的概率是 80%。这话也反映了说话者对明天下雨这一事件的知识水平，也就是根据他现有的知识而对明天下雨作出的判断。

概率论可以被视为知识如何影响信念的研究，对某个事件发生的相信程度 α，可以利用 0 和 1 之间的数来衡量：概率 $\alpha=0$ 表示认为事件不可能发生；概率 $\alpha=1$ 表示认为事件肯定发生；概率 $0<\alpha<1$ 表示认识主体不能确定事件是否发生。概率 α 反映了认识主体的知识局限、认识能力，或者说反映了认识主体无知的部分。

概率论采用公理化体系，在这个体系中，概率是定义在事件域 Ω 上的非负、规范、可加的集合函数，即：

公理 1　非负性：$P(A)\geqslant 0$，即任何事件的概率都不能为负数。

公理 2　规范性：$P(\Omega)=1$，即全部事件域 Ω 上的概率为 1。

公理 3　可加性：对互斥事件 A，B，有 $P(A+B)=P(A)+P(B)$。

贝叶斯概率满足这三条公理，同时，这三条公理也给出了合理的信念度量，决定了贝叶斯概率。

4.1.3　条件概率和独立性

已知事件 B 发生的条件下，事件 A 发生的概率称为条件概率，记为 $P(A|B)$，定义为

$$P(A|B)=\frac{P(AB)}{P(B)}\quad(P(B)>0)$$

计算条件概率 $P(A|B)$ 时，A，B 是两个事件，事件 B 作为一个发生的事件参与进来，事件 B 作为条件参与进来后，计算事件 A 在该条件下的概率 $P(A|B)$，先有 B 的发生而后再有 A 的发生，因此条件概率 $P(A|B)$ 是 A 的后验概率。概率 $P(A)$ 是事件 A 的先验概率(prior probability)，因为 $P(A)$ 是在事件 B 发生之前就已确定了的概率。

例 4－1　张三、李四、王五投掷一个骰子，假设张三观察到投掷的结果是 5 点，并告诉李四结果是奇数点，王五对结果一无所知。求张三、李四、王五认为结果是 5 点的概率。

解：A 表示结果是 5 点的事件。

(1)张三已知结果是 5 点，因此张三认为结果是 5 点的概率是 1，张三掌握了 A 的全部知识。

(2)以 B 表示奇数点的出现事件，$P(B)=\frac{1}{2}$，由于李四已知事件 B 发生了，所以根据条件概率的定义，李四认为结果是 5 点的概率为

$$P(A|B)=\frac{P(AB)}{P(B)}=\frac{\frac{1}{6}}{\frac{1}{2}}=\frac{1}{3}$$

(3)对王五来说，他没有得到关于 A 的任何信息，所以王五认为结果是 5 点的概率就是 A 的先验概率 $P(A)=\frac{1}{6}$。

如果事件 B 发生与否并不影响事件 A 发生的概率 $P(A)$，即 $P(A|B)=P(A)$，由条件概率的定义，得

$$P(AB)=P(A)P(B)$$

此时称事件 A 与 B 相互独立。

独立性是由事件发生的概率定义的，3 个事件 A，B，C 相互独立，要满足以下 4 个等式：

$$\begin{aligned}P(AB)&=P(A)P(B)\\P(BC)&=P(B)P(C)\\P(AC)&=P(A)P(C)\\P(ABC)&=P(A)P(B)P(C)\end{aligned}$$

如果事件 A，B，C 只满足前 3 个等式，则称 A，B，C 两两独立。

4.1.4　期望值

平均数是一个常用、实用的数值，在学生时代，最常听到的平均数就是班里某某课程的平均分数，任何一个学生，根据该课程的平均成绩和自己的成绩，都能大致判断自己在全班中的位置。随机变量 X 的取值也有一个平均值，叫数学期望，记为 $E(X)$，对随机变量 X 的任一个取值，数学期望 $E(X)$ 所起的作用，与一门课程的平均成绩所起的作用是类似的。

定义:设离散型随机变量 X 的概率分布为

$$P(X=x_k)=p_k, \quad k=1,2,3,\cdots$$

则随机变量 X 的数学期望 $E(X)=p_1x_1+p_2x_2+\cdots$

例 4-2 甲、乙两人抛硬币分配 2 元钱,规则为:出现正面甲得 2 元,出现反面甲、乙各得 1 元。求甲、乙两人各自的期望值。

解:对甲而言,出现正面,得 2 元,概率为$\frac{1}{2}$,记为 $p_1=\frac{1}{2}$,$x_1=2$;出现反面,得 1 元,概率为$\frac{1}{2}$,记为 $p_2=\frac{1}{2}$,$x_2=1$。抛一次硬币不是出现正面就是出现反面,所以甲的数学期望为

$$E(X)=p_1x_1+p_2x_2=\frac{1}{2}\times 2+\frac{1}{2}\times 1=\frac{3}{2}$$

对乙而言,出现正面,得 0 元,概率为$\frac{1}{2}$,记为 $p_1=\frac{1}{2}$,$x_1=0$;出现反面,得 1 元,概率为$\frac{1}{2}$,记为 $p_2=\frac{1}{2}$,$x_2=1$。所以乙的数学期望为

$$E(X)=p_1x_1+p_2x_2=\frac{1}{2}\times 0+\frac{1}{2}\times 1=\frac{1}{2}$$

4.2 信息与熵

4.2.1 自信息和互信息

信息论的基本想法是一个不太可能的事件居然发生了,这要比一个很可能的事件发生了提供的信息更多。“明天月亮满弦”要比“明天出现哈雷彗星”提供的信息量少很多才符合人们对信息一词的日常理解。

希望能有一种量化信息的方法,并且具备一些性质,如:

(1)非常可能发生的事件信息量要比较少,并且在极端情况下,必然发生的事件信息量应该为 0。

(2)不太可能发生的事件具有更高的信息量。

(3)独立事件应具有增量的信息。例如,两次抛硬币正面都向上传递的信息量,应该是一次抛硬币正面向上的信息量的 2 倍。

为了满足以上三个性质,我们定义一个事件 $X=x$ 的自信息(self-information)为

$$I(x)=-\log_2 p(x)$$

其中 $p(x)$ 是事件 $X=x$ 发生的概率。本书中总是用 log 来表示底数为 2 的对数,其单位为比特(bit)。

这样定义的信息量,一次抛硬币正面向上的概率是 1/2,其信息量是 1;两次抛硬币正面都向上的概率是 1/4,其信息量是 2,符合人们的直觉。

随机事件 $X=x$,$Y=y$ 之间的互信息定义为

$$I(x;y)=\log\frac{p(x|y)}{p(x)}$$

如果将条件概率 $p(x|y)$ 的自信息 $-\log p(x|y)$ 记为 $I(x|y)$，即

$$I(x|y)=-\log p(x|y)$$

定义为 x 的条件自信息，那么

$$I(x;y)=I(x)-I(x|y)$$

即 x 与 y 的互信息等于 x 的自信息减去 x 的条件自信息。

互信息的含义是对称的，容易证明：

$$I(x;y)=I(y;x)$$

例 4-3　假设 a 表示事件“降雨”，b 表示事件“空中有云”，且 $p(a)=0.25$，$p(a|b)=0.8$，求：

(1)事件“降雨”的自信息。

(2)在“空中有云”的条件下，“降雨”的自信息。

(3)事件“无雨”的自信息。

(4)在“空中有云”的条件下，“无雨”的自信息。

(5)“降雨”与“空中有云”的互信息。

(6)“无雨”与“空中有云”的互信息。

解：假设 $\neg a$ 表示事件“无雨”，那么 $p(\neg a)=1-p(a)$。

(1) $I(a)=-\log 0.25=2(\text{bit})$。

(2) $I(a|b)=-\log 0.8=\log 5-2=0.322(\text{bit})$。

(3) $I(\neg a)=-\log 0.75=2-\log 3=0.415(\text{bit})$。

(4) $I(\neg a|b)=-\log 0.2=\log 5=2.322(\text{bit})$。

(5) $I(a;b)=I(a)-I(a|b)=2-0.322=1.678(\text{bit})$。

(6) $I(\neg a;b)=I(\neg a)-I(\neg a|b)=0.415-2.322=-1.907(\text{bit})$。

计算表明，“空中有云”提供了关于“降雨”正的信息量(1.678 bit)，“空中有云”提供了关于“无雨”负的信息量(-1.907 bit)，这与经验知识是一致的。

4.2.2　信息熵

位(bit)是一个二进制数，有两个可能的值0和1，可用它来区分2个符号；2个位，组合记为00，01，10，11，可以区分4个符号；3个位，组合记为000，001，010，011，100，101，110，111，可以区分8个符号。在一般情况下，n 个位可以区分 2^n 个符号，因此我们可以用 $\log n$ 位来区分 n 个符号。

反过来是一样的，识别2个符号需要1个位，识别4个符号需要2个位，识别8个符号需要3个位。一般地，识别 n 个符号需要 $\log n$ 个位。

例 4-4　设计一个编码区分集合 $\{a,b,c,d\}$ 的元素，其中 $p(a)=\frac{1}{2}$，$p(b)=\frac{1}{4}$，$p(c)=\frac{1}{8}$，$p(d)=\frac{1}{8}$。

解：考虑如下代码：

$$\begin{array}{ll} a & 0 \\ b & 10 \\ c & 110 \\ d & 111 \end{array}$$

在这个编码中，a 使用 1 位，b 使用 2 位，c，d 都使用 3 位，平均来说，它使用了

$$p(a)\times 1+p(b)\times 2+p(c)\times 3+p(d)\times 3=\frac{1}{2}+\frac{2}{4}+\frac{3}{8}+\frac{3}{8}=1\ \frac{3}{4}(\text{位})$$

例如，8 字符的字符串 *aacabbda* 的编码为 00110010101110，共计 14 位。在该字符串中，a 出现的频率是 $\frac{1}{2}$，b 出现的频率是 $\frac{1}{4}$，c，d 出现的频率是 $\frac{1}{8}$。这个编码需要用 $-\log p(a)=1$ 位来区分 a 不同于 b，c，d；要区分 b，需要用 $-\log p(b)=2$ 位；要区分 c，需要用 $-\log p(c)=3$ 位；要区分 d，也需要 $-\log p(d)=3$ 位。恰好，$\frac{14}{8}=1\ \frac{3}{4}$。

定义：编码一个符号序列，并且知道这些符号 x 的概率分布 $p(x)$，每个符号平均需要 $\sum_x -p(x)\log p(x)$ 位，这个值仅仅依赖于这些符号的概率分布，被称为信息熵（entropy）。信息熵是事件 x 的自信息 $I(x)$ 的平均值。

由定义知，例 4－4 的信息熵为

$$-\frac{1}{2}\log\frac{1}{2}-\frac{1}{4}\log\frac{1}{4}-\frac{1}{8}\log\frac{1}{8}-\frac{1}{8}\log\frac{1}{8}=1\ \frac{3}{4}$$

例 4－5　设计一个编码区分集合 $\{a,b,c,d\}$ 的元素，其中 $p(a)=p(b)=p(c)=p(d)=\frac{1}{4}$。

解：考虑如下代码：

$$\begin{array}{ll} a & 00 \\ b & 01 \\ c & 10 \\ d & 11 \end{array}$$

它的信息熵为

$$-\frac{1}{4}\log\frac{1}{4}-\frac{1}{4}\log\frac{1}{4}-\frac{1}{4}\log\frac{1}{4}=2$$

例如，8 字符的字符串 *aacabbda* 的编码为 0000100001011100，共 16 位。这个编码总是用 $-\log\frac{1}{4}=2$ 位将一个符号与另外 3 个符号区分开。

比较例 4－4 和例 4－5 可以发现，区分相同的集合，由于元素的概率分布不同，信息熵也不同。信息熵是对信息的度量，其值是信息量，是一种均值，是对信息系统的宏观度量，等于不确定性的多少。信息系统的不确定性越大，熵也就越大，要把它搞清楚，所需的信息量也就越大。所以编码同一个字符串 *aacabbda*，由于例 4－5 的信息熵大于例 4－4 的信息熵，因此例 4－5 需要的位数（16 位）就大于例 4－4 所用的位数（14 位），也就是例 4－5 比例 4－4 需要更多的信息量才能编码 *aacabbda*。

若将例 4－4 和例 4－5 中的 a，b，c，d 解释为 4 支球队，概率是球队夺冠的概率。那

么:例4－4中的4支球队围绕a队,只需增加较少的信息就能确定夺冠队;例4－5中的4支球队由于实力太过均等,需要增加更多的信息才能确定夺冠队。也就是说,两组队伍的夺冠概率分布不同,透露出的信息就不同。例4－4中的队伍夺冠概率分布透露出的信息多,信息熵小,确定夺冠队需要的信息量就小;例4－5中的队伍概率分布透露出的信息少,信息熵大,确定夺冠队需要的信息量就大。

信息是用来减少随机不确定性的,可用自信息、信息熵予以初步度量。这样的信息概念开创了现代通信理论,但同样没有包含信息的内容和价值,没有从根本上回答“信息是什么”的问题。人们对信息的数学描述仅止于此。

4.2.3　贝叶斯法则

在日常生活中,当面临不确定性时,我们对某件事情发生的可能性有一个判断,这就是贝叶斯概率。然后,我们会根据新的信息来修正这个判断,调整贝叶斯概率。修正之前的判断或概率就是“先验概率”,修正之后的判断或概率就是“后验概率”。贝叶斯法则正是人们根据新的信息从先验概率得到后验概率的基本方法,用公式可表示为

$$P(A|B)=\frac{P(A)P(B|A)}{P(B)} \tag{4-1}$$

贝叶斯法则是人们修正信念的唯一合理方法,下面我们举个平常生活中的例子来进行说明。

我们常把所有的人划分为好人和坏人两类,把所有的事划分为好事和坏事两类,那么一个人做好事的概率P(好事)就等于他是好人的概率P(好人)乘以好人做好事的概率P(好事|好人),加上他是坏人的概率P(坏人)乘以坏人做好事的概率P(好事|坏人),即

$$P(\text{好事})=P(\text{好事}|\text{好人})P(\text{好人})+P(\text{好事}|\text{坏人})P(\text{坏人})$$

面对一个陌生人,我们一般认为他是好人的先验概率为$\frac{1}{2}$,若观察到他做了一件好事,人们一般会改变对他的看法,认为他更可能是好人。人们是怎样具体地修正这一看法的呢?根据贝叶斯法则,这个人做了一件好事后他是好人的概率P(好人|好事)为

$$\begin{aligned}P(\text{好人}|\text{好事})&=\frac{P(\text{好事}|\text{好人})P(\text{好人})}{P(\text{好事})}\\&=\frac{P(\text{好事}|\text{好人})P(\text{好人})}{P(\text{好事}|\text{好人})P(\text{好人})+P(\text{好事}|\text{坏人})P(\text{坏人})}\end{aligned}$$

分三种情况进行讨论:

(1)这件好事很突出,好人一定做,P(好事|好人)=1;坏人一定不做,P(好事|坏人)=0。那么

$$P(\text{好人}|\text{好事})=\frac{1\times\frac{1}{2}}{1\times\frac{1}{2}+0\times\frac{1}{2}}=1$$

人们根据贝叶斯法则,将他是好人的先验概率$\frac{1}{2}$修正为后验概率1,认为他肯定是个好人,这与生活经验是一致的。

(2)这件好事比较普通,好人一定做,$P(好事|好人)=1$;坏人可能做也可能不做,坏人做这件好事的概率是$\frac{1}{2}$。那么

$$P(好人|好事)=\frac{1\times\frac{1}{2}}{1\times\frac{1}{2}+\frac{1}{2}\times\frac{1}{2}}=\frac{2}{3}$$

人们认为他是好人的可能性增加了,这也与生活经验是一致的。

(3)这件好事很平常,好人会做,$P(好事|好人)=1$;坏人也会做,$P(好事|坏人)=1$。那么

$$P(好人|好事)=\frac{1\times\frac{1}{2}}{1\times\frac{1}{2}+1\times\frac{1}{2}}=\frac{1}{2}$$

人们对他的看法不会改变,这也与生活经验吻合。

因此,贝叶斯法则是人们在日常生活中的思考方式、经验法则。

刚才的分析总是将$P(好事)$分割为两部分:$P(好事|好人)P(好人)$和$P(好事|坏人)P(坏人)$。若我们想用后验概率$P(好人|好事)$来成功修正之前的看法,即先验概率$P(好人)$,就需要知道不同的人做好事的概率,也就是存在$P(好事)$的完全分割,使$P(好事)=P(好事|好人)P(好人)+P(好事|坏人)P(坏人)$。一般情况下,在应用贝叶斯法则时,$P(B)$存在同样的分割,即

$$P(B)=P(B|A_1)P(A_1)+P(B|A_2)P(A_2)+\cdots+P(B|A_n)P(A_n) \tag{4-2}$$

其中$A_1,A_2,\cdots,A_n$构成完全事件组,两两不相交,合并起来是全部事件域。式(4-2)也称"全概率公式"。

例4-6 已知飞机坠落在甲、乙、丙3个区域之一,营救部门判断其概率分别为0.5,0.3,0.2,用直升机搜索这些区域,若有残骸,发现的概率分别为0.8,0.7,0.6。如果已用直升机搜索过甲区域没有发现残骸,在这种情况下,试计算飞机落入甲、乙、丙3个区域的概率。

解:分别以A_1,A_2,A_3表示飞机落入甲、乙、丙3个区域,依题意,得

$$P(A_1)=0.5,\quad P(A_2)=0.3,\quad P(A_3)=0.2$$

以B表示用直升机搜索过甲区域未发现残骸,A_1,A_2,A_3构成完全事件组,根据式(4-2)可得

$$P(B)=P(B|A_1)P(A_1)+P(B|A_2)P(A_2)+P(B|A_3)P(A_3)$$

$P(B|A_1)$表示飞机落入甲区域搜索甲区域没发现残骸的概率,所以是$1-0.8=0.2$。

$P(B|A_2)$表示飞机落入乙区域搜索甲区域没发现残骸的概率,当然是1。

同样地,$P(B|A_3)=1$。

所以$P(B)=0.5\times0.2+0.3\times1+0.2\times1=0.6$。

根据式(4-1),有

$$P(A_1|B)=\frac{P(A_1)P(B|A_1)}{P(B)}=\frac{0.5\times0.2}{0.6}=\frac{1}{6}=0.167$$

$$P(A_2|B)=\frac{P(A_2)P(B|A_2)}{P(B)}=\frac{0.3\times1}{0.6}=\frac{1}{2}=0.5$$

$$P(A_3|B)=\frac{P(A_3)P(B|A_3)}{P(B)}=\frac{0.2\times1}{0.6}=\frac{1}{3}=0.33$$

若营救部门只有一架直升机，第一次搜索甲区域没有发现残骸，再次搜索应该搜索甲、乙、丙 3 个区域中的哪个区域呢？分析例 4 - 6，营救部门初步判断飞机落在甲、乙、丙 3 个区域的概率分别为 0.5，0.3，0.2，这是先验信息。直升机搜索甲区域没有发现残骸，这是花费很大的代价得到的非常珍贵的信息，叫样本信息。营救部门利用这珍贵的一次样本信息，结合先验信息，根据贝叶斯法则，认为飞机落在甲、乙、丙 3 个区域的概率分别为 0.167，0.5，0.33，这就是后验概率。飞机落在乙、丙区域的可能性明显加大了，落在甲区域的可能性大大降低了，营救部门再安排直升机搜索，从后验概率 0.167，0.5，0.33 中找出最大的，即搜索乙区域。这正是贝叶斯统计推断的原则：任何推断都必须基于而且只能基于后验概率，先验信息、样本信息只用于计算后验概率，再无其他用途。

4.2.4　最大熵原理

最大熵原理指出，对一个随机事件的概率分布进行预测时，对已知的条件、已有的事实必须满足，即满足约束条件，对未知的情况、那些不确定的部分则不作任何主观假设，保留最大的不确定性，让熵达到最大。

例 4 - 7　假设随机变量 X 有 5 个取值 $\{A,B,C,D,E\}$，根据不同信息，估计取各个值的概率 $P(A)$，$P(B)$，$P(C)$，$P(D)$，$P(E)$。

解：这些概率满足以下约束条件：

$$P(A)+P(B)+P(C)+P(D)+P(E)=1$$

满足这个约束的条件概率分布无穷无尽，如果没有其他信息，根据最大熵原理，对未知的部分，认为是等可能性的。因此，此时估计

$$P(A)=P(B)=P(C)=P(D)=P(E)=\frac{1}{5}$$

如果掌握了更多信息，例如，已知 $P(A)+P(B)=\frac{2}{3}$，此时已知的条件为

$$\begin{cases}P(A)+P(B)=\frac{2}{3}\\P(A)+P(B)+P(C)+P(D)+P(E)=1\end{cases}$$

在没有其他更多信息的情况下，最大熵原理认为，A，B 是等概率的，C，D，E 也是等概率的，即 $P(A)=P(B)=\frac{1}{3}$，$P(C)=P(D)=P(E)=\frac{1}{9}$。

如果再增加其他的信息，比如

$$\begin{cases}P(A)+P(B)=\frac{1}{3}\\P(A)+P(C)=\frac{1}{2}\\P(A)+P(B)+P(C)+P(D)+P(E)=1\end{cases}$$

作为习题,可求得 $P(A)=0.205$, $P(B)=0.128$, $P(C)=0.295$, $P(D)=P(E)=0.186$。

4.3 贝叶斯分类器

样本组成类往往是因为它们有共性,有相同的特征属性。如果不知道类别,那么在给定一些特征属性值的前提下,贝叶斯规则可用于预测类别。在贝叶斯分类器中,机器训练一个属性的概率模型,然后利用该模型预测新样本的类别。

朴素贝叶斯分类器是最简单的形式,它采用了"属性条件独立"假设:对已知类别,假设所有属性相互独立,也就是每个属性独立地对分类结果产生影响。朴素贝叶斯分类器是一个多分类器,假设可分为 n 种类别,用 c 作类标记,表示为 $\{c_1, c_2, \cdots, c_n\}$,用 x 表示样本,那么 $P(x|c)$ 是样本 x 相对于类标记 c 的类条件概率。如果样本 x 共有 d 个属性 x_i(属性——值对),$i=1,2,\cdots,d$,由于属性条件独立,所以

$$P(x|c)=P(x_1|c)P(x_2|c)\cdots P(x_d|c)$$

因此,根据式(4-1),有

$$P(c|x)=\frac{P(c)P(x|c)}{P(x)}=\frac{P(c)}{P(x)}P(x_1|c)P(x_2|c)\cdots P(x_d|c)$$

从分类的目标看,对所有类别 c,$P(x)$ 都是一样的,计算 $P(c|x)$ 时可不予考虑。朴素贝叶斯分类器就是求后验概率 $P(c|x)$ 中的最大者,即

$$\underset{\{c_1,c_2,\cdots,c_n\}}{\arg\max}\ P(c)P(x_1|c)P(x_2|c)\cdots P(x_d|c) \tag{4-3}$$

这就是朴素贝叶斯分类器表达式。

给定样本训练集 D,$|D|$ 为样本数量,D_c 为 D 中 c 类样本的集合,$|D_c|$ 为其中样本数量,D_{c,x_i} 为 D_c 中第 i 个属性上取值 x_i 的样本集合,$|D_{c,x_i}|$ 为其中样本数量,我们用下式估算类先验概率 $P(c)$、条件概率 $P(x_i|c)$:

$$P(c)=\frac{|D_c|}{|D|} \tag{4-4}$$

$$P(x_i|c)=\frac{|D_{c,x_i}|}{|D_c|} \tag{4-5}$$

将式(4-4)、式(4-5)代入式(4-3)得到朴素贝叶斯分类器,就可以对新的样本予以分类了。

例 4-8 试由表 4-1 的训练数据学习一个朴素贝叶斯分类器,并预测实例 $x=$(中年,无,无,好)的类标记 y。

表 4-1 贷款申请训练数据集

序号	年龄	工作	自有住房	信贷信用	类别
1	青年	无	无	一般	否
2	青年	无	无	好	否

（续表）

序号	年龄	工作	自有住房	信贷信用	类别
3	青年	有	无	好	是
4	青年	有	有	一般	是
5	青年	无	无	一般	否
6	中年	无	无	一般	否
7	中年	无	无	好	否
8	中年	有	有	好	是
9	中年	无	有	很好	是
10	中年	无	有	很好	是
11	老年	无	有	很好	是
12	老年	无	有	好	是
13	老年	有	无	好	是
14	老年	有	无	很好	是
15	老年	无	无	一般	否

表4－1是一个由15个样本组成的贷款申请训练数据。数据包括贷款申请人的4个特征（属性）：第一个特征是年龄，取青年、中年、老年3个可能值；第二个特征是工作，取有、无2个可能值；第三个特征是自有住房，取有、无2个可能值；第四个特征是信贷信用，取一般、好、很好3个可能值。表4－1的最后一列是类别，是否同意贷款，取是、否2个值。

解：以Y代表类别，取是、否2个值，Y＝“是”表示同意贷款，Y＝“否”表示不同意贷款。

（1）本例有2个类别，用式（4－4）估计类先验概率$P(c)$为

$$P(Y=\text{是})=\frac{9}{15}=\frac{3}{5}$$

$$P(Y=\text{否})=\frac{6}{15}=\frac{2}{5}$$

（2）本例共4个特征属性，用式（4－5）估计每个特征属性的条件概率$P(x_i|c)$为

$$P(\text{年龄}=\text{青年}|Y=\text{是})=\frac{2}{9}$$

$$P(\text{年龄}=\text{青年}|Y=\text{否})=\frac{3}{6}=\frac{1}{2}$$

$$P(\text{年龄}=\text{中年}|Y=\text{是})=\frac{3}{9}=\frac{1}{3}$$

$$P(\text{年龄}=\text{中年}|Y=\text{否})=\frac{2}{6}=\frac{1}{3}$$

$$P(\text{年龄}=\text{老年}|Y=\text{是})=\frac{4}{9}$$

$$P(年龄=老年|Y=否)=\frac{1}{6}$$

$$P(工作=有|Y=是)=\frac{5}{9}$$

$$P(工作=有|Y=否)=\frac{0}{6}=0$$

$$P(工作=无|Y=是)=\frac{4}{9}$$

$$P(工作=无|Y=否)=\frac{6}{6}=1$$

$$P(自有住房=有|Y=是)=\frac{6}{9}=\frac{2}{3}$$

$$P(自有住房=有|Y=否)=\frac{0}{6}=0$$

$$P(自有住房=无|Y=是)=\frac{3}{9}=\frac{1}{3}$$

$$P(自有住房=无|Y=否)=\frac{6}{6}=1$$

$$P(信贷信用=一般|Y=是)=\frac{1}{9}$$

$$P(信贷信用=一般|Y=否)=\frac{4}{6}=\frac{2}{3}$$

$$P(信贷信用=好|Y=是)=\frac{4}{9}$$

$$P(信贷信用=好|Y=否)=\frac{2}{6}=\frac{1}{3}$$

$$P(信贷信用=很好|Y=是)=\frac{4}{9}$$

$$P(信贷信用=很好|Y=否)=\frac{0}{6}=0$$

(3)对于给定实例:中年人,无工作,无自有住房,信贷信用好,根据式(4-3),计算不同类别的概率分别为

$P(Y=是)\cdot P(年龄=中年|Y=是)\cdot P(工作=无|Y=是)\cdot P(自有住房=无|Y=是)\cdot P(信贷信用=好|Y=是)=\frac{3}{5}\times\frac{1}{3}\times\frac{4}{9}\times\frac{1}{3}\times\frac{4}{9}=\frac{16}{1215}$;

$P(Y=否)\cdot P(年龄=中年|Y=否)\cdot P(工作=无|Y=否)\cdot P(自有住房=无|Y=否)\cdot P(信贷信用=好|Y=否)=\frac{2}{5}\times\frac{1}{3}\times 1\times 1\times\frac{1}{3}=\frac{2}{45}$。

(4)确定实例的类别:因为$\frac{2}{45}>\frac{16}{1215}$,所以该实例属于不同意贷款的类别。

如果用上述朴素贝叶斯分类器预测实例:青年人,有工作,无自有住房,信贷信用好,会发现 $P(工作=有|Y=否)=0$。

因此，$P(Y=否)\cdot P(年龄=青年|Y=否)\cdot P(工作=有|Y=否)\cdot P(自有住房=无|Y=否)\cdot P(信贷信用=好|Y=否)=0$。

使用0概率，以此预测会出现明显不合理的结果。0概率是由我们用训练集中样本出现的次数估计概率所引起的。为避免这种情况，在估计概率值时通常要进行"拉普拉斯平滑"（Laplace smoothing）。具体做法是：在计算类先验概率、属性条件概率时，分子都加上1，分母分别加上类别个数N、属性取值个数N_i，即

$$P(c)=\frac{|D_c|+1}{|D|+N} \tag{4-6}$$

$$P(x_i|c)=\frac{|D_{c,x_i}|+1}{|D_c|+N_i} \tag{4-7}$$

例4-9　问题同例4-8，按照拉普拉斯平滑估计概率。

解：以Y代表类别，取是、否2个值，$Y=$"是"表示同意贷款，$Y=$"否"表示不同意贷款。

（1）本例有两个类别，用式（4-6）估计类先验概率$P(c)$为

$$P(Y=是)=\frac{10}{17}$$

$$P(Y=否)=\frac{7}{17}$$

（2）本例共4个特征属性，用式（4-7）估计每个特征属性的条件概率$P(x_i|c)$，4个特征属性的取值个数N_i依次为3，2，2，3，则

$$P(年龄=青年|Y=是)=\frac{3}{12}=\frac{1}{4}$$

$$P(年龄=青年|Y=否)=\frac{4}{9}$$

$$P(年龄=中年|Y=是)=\frac{4}{12}=\frac{1}{3}$$

$$P(年龄=中年|Y=否)=\frac{3}{9}=\frac{1}{3}$$

$$P(年龄=老年|Y=是)=\frac{5}{12}$$

$$P(年龄=老年|Y=否)=\frac{2}{9}$$

$$P(工作=有|Y=是)=\frac{6}{11}$$

$$P(工作=有|Y=否)=\frac{1}{8}$$

$$P(工作=无|Y=是)=\frac{5}{11}$$

$$P(工作=无|Y=否)=\frac{7}{8}$$

$$P(自有住房=有|Y=是)=\frac{7}{11}$$

$$P(\text{自有住房}=\text{有}|Y=\text{否})=\frac{1}{8}$$

$$P(\text{自有住房}=\text{无}|Y=\text{是})=\frac{4}{11}$$

$$P(\text{自有住房}=\text{无}|Y=\text{否})=\frac{7}{8}$$

$$P(\text{信贷信用}=\text{一般}|Y=\text{是})=\frac{2}{12}=\frac{1}{6}$$

$$P(\text{信贷信用}=\text{一般}|Y=\text{否})=\frac{5}{9}$$

$$P(\text{信贷信用}=\text{好}|Y=\text{是})=\frac{5}{12}$$

$$P(\text{信贷信用}=\text{好}|Y=\text{否})=\frac{3}{9}=\frac{1}{3}$$

$$P(\text{信贷信用}=\text{很好}|Y=\text{是})=\frac{5}{12}$$

$$P(\text{信贷信用}=\text{很好}|Y=\text{否})=\frac{1}{9}$$

(3)对于给定实例:中年人,无工作,无自有住房,信贷信用好,根据式(4-3),计算不同类别的概率分别为

$P(Y=\text{是})\cdot P(\text{年龄}=\text{中年}|Y=\text{是})\cdot P(\text{工作}=\text{无}|Y=\text{是})\cdot P(\text{自有住房}=\text{无}|Y=\text{是})\cdot P(\text{信贷信用}=\text{好}|Y=\text{是})=\frac{10}{17}\times\frac{1}{3}\times\frac{5}{11}\times\frac{4}{11}\times\frac{5}{12}=\frac{1000}{74052}=0.0135040$;

$P(Y=\text{否})\cdot P(\text{年龄}=\text{中年}|Y=\text{否})\cdot P(\text{工作}=\text{无}|Y=\text{否})\cdot P(\text{自有住房}=\text{无}|Y=\text{否})\cdot P(\text{信贷信用}=\text{好}|Y=\text{否})=\frac{7}{17}\times\frac{1}{3}\times\frac{7}{8}\times\frac{7}{8}\times\frac{1}{3}=\frac{343}{9792}=0.0350286$。

(4)确定实例的类别:因为 $0.0350286>0.0135040$,所以该实例属于不同意贷款的类别。

附录 log 计算数值

$\log 3=1.584963$, $\log 5=2.321928$, $\log 7=2.807355$, $\log 11=3.459432$。

实验实训三 训练贝叶斯分类器

1. 实验实训要求

(1)准备实验实训样本数据集。

(2)用拉普拉斯平滑训练贝叶斯分类器。

(3)验证拉普拉斯平滑确为一种概率分布。

2. 实验实训目的

(1)检验朴素贝叶斯分类器。

(2)查阅资料,讨论什么是概率推理。

实验实训报告(三)

<table>
<tr><td>姓　名</td><td></td><td>班　级</td><td></td><td>组　别</td><td></td></tr>
<tr><td>实验实训名称</td><td colspan="3"></td><td>数据集</td><td></td></tr>
<tr><td>主要步骤</td><td colspan="5"></td></tr>
<tr><td>结果分析</td><td colspan="5"></td></tr>
<tr><td>评　　价</td><td colspan="5"></td></tr>
</table>

习题四

1. 试由表 4－2 的训练数据学习一个朴素贝叶斯分类器并确定 $\boldsymbol{x}=(2,S)$ 的类标记 y。表 4－2 中，U，V 为特征，取值的集合分别为 $A_1=\{1,2,3\}$，$A_2=\{S,M,L\}$，Y 为类标记，$Y\in C=\{1,-1\}$。

表 4－2　训练数据集

	1	2	3	4	5	6	7	8	9	10	11	12	13	14	15
U	1	1	1	1	1	2	2	2	2	2	3	3	3	3	3
V	S	M	M	S	S	S	M	M	L	L	L	M	M	L	L
Y	−1	−1	1	1	−1	−1	−1	1	1	1	1	1	1	1	−1

2. 求例 4－7 中的 $P(A)$，$P(B)$，$P(C)$，$P(D)$，$P(E)$。

第五章　决策树

本章所用的数据集 D 如表 4 - 1 所示。

5.1　决策树模型

决策树(decision tree)是一种常见的二分类方法,从给定的训练数据集学习得到一个树状模型,用该模型对新样本进行分类预测,这个预测、判定新样本类别的任务,可视为对“该样本属于正类吗?”这样的问题的简单“抉择”或“决策”,故名“决策树”。二分类决策树就是基于树形结构来进行决策的。决策树的优点是效率高,适宜于机器判断学习。

5.1.1　树状图

如图 5 - 1 所示,树状图由节点(node)和有向边(directed edge)组成,最上面的节点叫根节点,犹如向下分叉的树根。根节点及其之下的节点有两种类型:内部节点(internal node)和叶节点(leaf node)。内部节点继续向下分叉,叶节点类似于叶子,不再分叉,是树状图的一个终端点。

二分类决策树模型是一种描述对实例进行二分类的树形结构,树的内部节点表示一个特征或属性,叶节点表示一个类。本书中用●表示内部节点,用■表示叶节点。

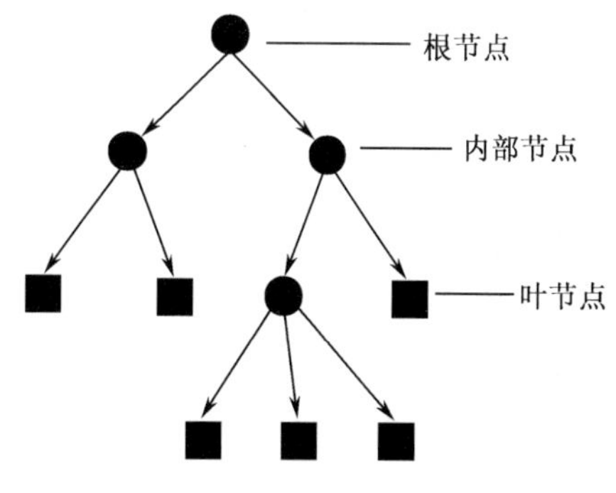

图 5 - 1　决策树模型

决策树的学习过程大致如下:首先,构建根节点,根节点包含所有训练数据,依照某种准则,选择一个最优特征,按照这一特征将训练数据集分割成子集,使得各个子集有一个在当前条件下最好的分类。如果这些子集已经能够被基本正确分类,那么构建叶节点,并将这些子集分到所对应的叶节点中去;如果还有子集不能被基本正确分类,那么依照同样的准则对这些子集选择新的最优特征,继续对其进行分割,构建相应的节点。如此递归地进行下去,直到所有的训练数据子集都被基本正确分类,或者没有合适的特征为止。当每个子集都被分到叶节点上,即都有了明确的类时,就生成了一棵决策树。

5.1.2　特征优先问题

本章所用的数据集共有 4 个特征:年龄、工作、自有住房、信贷信用。年龄特征取 3 个值:青年、中年、老年;工作特征取 2 个值:有、无;自有住房特征取 2 个值:有、无;信贷信用特征取 3 个值:一般、好、很好。

图 5 -2 表示从表 4 -1 所列的数据中学习到的两个可能的决策树。图 5 -2(a)所示的根节点的特征是年龄,取值青年的样本子集形成的节点是内部节点,在该节点选择特征工作继续分类。图 5 -2(b)所示的根节点的特征是自有住房,取值无的样本子集形成的节点是内部节点,在该节点选择特征信贷信用继续分类。从横向来看,年龄、工作、自有住房、信贷信用 4 个特征都有可能作根节点,那么哪个特征的分类能力更强呢?从纵向来看,假设根节点已定,如图 5 -2(a)所示,根节点下面有内部节点,该节点面临着在剩下的工作、自有住房、信贷信用 3 个特征中选用一个分类能力强的特征,该选用哪一个特征呢?这就引出了信息增益和信息增益率,它们能较好地解决这一问题。

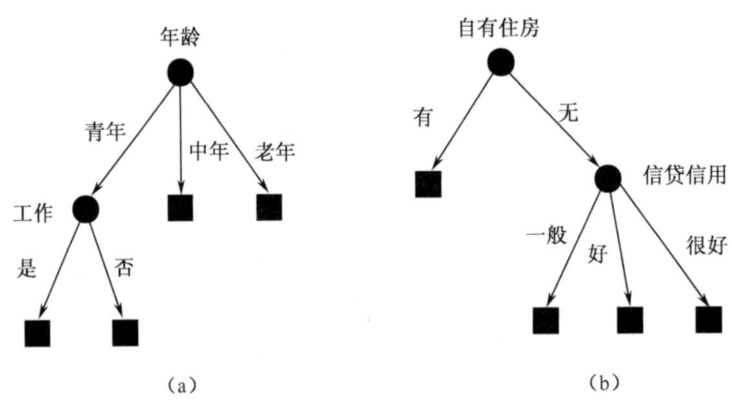

图 5 -2 不同特征决定的不同特征树

5.2 特征选择

5.2.1 样本集信息熵

训练决策树,我们希望决策树的分支节点所包含的样本尽可能地属于同一类别,即节点的"纯度"越来越高。度量样本集合纯度的常用指标是信息熵。假定当前的样本集合 D 中第 i 类样本所占的比例为 p_i,共有 n 个类别,即 $i=1,2,\cdots,n$,则 D 的信息熵定义为

$$H(D) = -\sum_{i=1}^{n} p_i \log p_i \qquad (5-1)$$

在式(5 -1)中,若 $p=0$,则规定 $0\log 0=0$。$H(D)$的值越小,则 D 的纯度越高。

例 5 -1 求表 4 -1 中的数据集 D 的信息熵 $H(D)$。

解:数据集 D 标注的类别只有两类,正实例所占比例为 $p=\frac{9}{15}=\frac{3}{5}$,$1-p=\frac{2}{5}$,则

$$\begin{aligned} H(D) &= -p\log p-(1-p)\log(1-p) \\ &= -\frac{3}{5}\log\frac{3}{5}-\frac{2}{5}\log\frac{2}{5}=\frac{1}{5}(5\log 5-3\log 3-2)=0.971 \end{aligned}$$

假设离散特征 A 有 k 个可能的取值，使用特征 A 对样本集 D 进行划分，则会产生 k 个分支节点，其中第 k 个分支节点包含了 D 中所有在特征 A 上取值为 A_k 的样本，记为 D_k，我们可以根据式(5-1)计算出 D_k 的信息熵 $H(D_k)$（见表 5-1）。

例 5-2　求表 4-1 所列的样本数据集 D 中特征年龄取值为青年、中年和老年的样本子集的信息熵。

解：分别以 D_1, D_2, D_3 代表 D 中年龄取值为青年、中年和老年的样本子集（决策树如图 5-3 所示），由表 4-1 可得

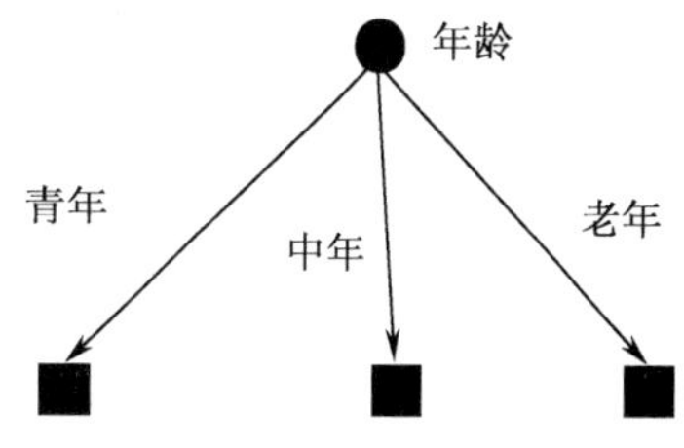

图 5-3　特征取值划分的样本子集

(1) D_1 中正实例所占比例 $p=\frac{2}{5}$，则

$$H(D_1) = -p\log p-(1-p)\log(1-p)$$
$$= -\frac{2}{5}\log\frac{2}{5}-\frac{3}{5}\log\frac{3}{5}=\frac{1}{5}(5\log 5-3\log 3-2)=0.971$$

(2) D_2 中正实例所占比例 $p=\frac{3}{5}$，则

$$H(D_2) = -p\log p-(1-p)\log(1-p)$$
$$= -\frac{3}{5}\log\frac{3}{5}-\frac{2}{5}\log\frac{2}{5}=\frac{1}{5}(5\log 5-3\log 3-2)=0.971$$

(3) D_3 中正实例所占比例 $p=\frac{4}{5}$，则

$$H(D_3) = -p\log p-(1-p)\log(1-p)$$
$$= -\frac{4}{5}\log\frac{4}{5}-\frac{1}{5}\log\frac{1}{5}=\frac{1}{5}(5\log 5-8)=0.722$$

作为习题，分别计算由样本数据集 D 的特征工作、自有住房、信贷信用划分的样本子集的信息熵（见表 5-1）。

表 5-1　数据集 D 特征取值划分的样本子集的信息熵总结

特征	取值	正实例所占比例	信息熵
年龄	青年	$\frac{2}{5}$	$\frac{1}{5}(5\log 5-3\log 3-2)=0.971$
	中年	$\frac{3}{5}$	$\frac{1}{5}(5\log 5-3\log 3-2)=0.971$
	老年	$\frac{4}{5}$	$\frac{1}{5}(5\log 5-8)=0.722$
工作	有	1	0
	无	$\frac{2}{5}$	$\frac{1}{5}(5\log 5-3\log 3-2)=0.971$

（续表）

特征	取值	正实例所占比例	信息熵
自有住房	有	1	0
	无	$\frac{1}{3}$	$\frac{1}{3}(3\log 3-2)=0.918$
信贷信用	一般	$\frac{1}{5}$	$\frac{1}{5}(5\log 5-8)=0.722$
	好	$\frac{2}{3}$	$\frac{1}{3}(3\log 3-2)=0.918$
	很好	1	0

5.2.2 信息增益

已知样本数据集 D,可以计算出其信息熵 $H(D)$。如果 D 的一个特征 A 有 k 个取值,可以根据特征 A 对 D 划分出 k 个分支节点 $D_1,D_2,\cdots,D_k$,同样可以计算出这 k 个分支节点的信息熵 $H(D_1),H(D_2),\cdots,H(D_k)$。考虑到不同的分支节点所包含的样本数不同,给分支节点赋予权重$\frac{|D_k|}{|D|}$,$|D|$,$|D_k|$代表样本的数量,即样本数越多的分支节点其影响越大,于是可计算出用特征 A 对样本集 D 进行划分所获得的"信息增益"(information gain):

$$g(D,A)=H(D)-\sum_{k=1}^{k}\frac{|D_k|}{|D|}H(D_k) \tag{5-2}$$

其实$\sum_{k=1}^{k}\frac{|D_k|}{|D|}H(D_k)$是已知特征 A 的条件下 D 的条件熵 $H(D|A)$。

一般而言,信息增益越大,意味着使用特征 A 来进行划分所获得的"纯度提升"越大。因此,我们可用信息增益来选择划分所用的特征,即优先选择信息增益最大的特征来划分样本集。

例 5-3 计算表 4-1 中的样本数据集 D 用特征年龄划分获得的信息增益。

解:分别以 D_1,D_2,D_3 代表 D 中年龄取值为青年、中年和老年的样本子集,由表 4-1 可得

$$|D_1|=5,\quad |D_2|=5,\quad |D_3|=5$$

已知特征年龄条件下 D 的条件熵为

$$\left[\frac{5}{15}H(D_1)+\frac{5}{15}H(D_2)+\frac{5}{15}H(D_3)\right]=\left(\frac{1}{3}\times 0.971+\frac{1}{3}\times 0.971+\frac{1}{3}\times 0.722\right)=0.888$$

由式(5-2)和例 5-1,信息增益 $g(D,A)$ 为

$$g(D,A)=H(D)-\left[\frac{5}{15}H(D_1)+\frac{5}{15}H(D_2)+\frac{5}{15}H(D_3)\right]=0.971-0.888=0.083$$

作为习题,分别计算由样本数据集 D 的特征工作、自有住房、信贷信用划分的样本子集的信息增益(见表 5-2)。

表 5-2　样本数据集 D 的特征取值划分的样本子集的信息增益总结

特征	信息熵 $H(D)$	条件熵 $H(D\|A)$	信息增益 $g(D,A)$
年龄	0.971	0.888	0.083
工作	0.971	0.647	0.324
自有住房	0.971	0.551	0.420
信贷信用	0.971	0.608	0.363

5.2.3　信息增益率

以信息增益作为划分样本数据集的准则，存在偏向于选择取值较多的那个特征，使用信息增益率（information gain ratio）可以校正这样的偏向。信息增益率定义为

$$g_R(D,A)=\frac{g(D,A)}{H_A(D)} \tag{5-3}$$

其中 $H_A(D)=-\sum_{k=1}^{k}\frac{|D_k|}{|D|}\log\frac{|D_k|}{|D|}$，称为特征 A 的“固有值”（intrinsic value）。由式（5-1）可知，$H_A(D)$ 也是 D 关于特征 A 的值的信息熵。因此，特征 A 对样本数据集 D 的信息增益率 $g_R(D,A)$ 是其信息增益 $g(D,A)$ 与样本数据集 D 关于特征 A 的值的信息熵 $H_A(D)$ 之比。

例 5-4　计算表 4-1 中的特征年龄对样本数据集的信息增益率 $g_R(D,A)$。

解：先计算年龄特征 A 的值的信息熵 $H_A(D)$，得

$$H_A(D)=-\frac{5}{15}\log\frac{5}{15}-\frac{5}{15}\log\frac{5}{15}-\frac{5}{15}\log\frac{5}{15}=\log 3=1.585$$

信息增益率为

$$g_R(D,A)=\frac{g(D,A)}{H_A(D)}=\frac{0.083}{1.585}=0.052$$

作为习题，分别计算由样本数据集 D 的特征工作、自有住房、信贷信用划分的样本子集的信息增益率（见表 5-3）。

表 5-3　样本数据集 D 的特征取值划分的样本子集的信息增益率总结

特征	信息增益 $g(D,A)$	信息熵 $H_A(D)$	信息增益率 $g_R(D,A)$
年龄	0.083	$\log 3=1.585$	0.052
工作	0.324	$\frac{1}{15}(15\log 3-10)=0.918$	0.353
自有住房	0.420	$\frac{1}{15}(15\log 5-9\log 3-6)=0.971$	0.434
信贷信用	0.363	$\frac{1}{15}(10\log 5+9\log 3-14)=1.5656$	0.232

5.3　决策树的生成

决策树学习的经典算法有 ID3，C4.5 等。ID3 生成算法的核心是在决策树的各个节点上应用信息增益准则选择特征，递归地构建决策树。C4.5 生成算法的核心是在决策树的各个节点上应用信息增益率准则选择特征，递归地构建决策树。本节介绍 C4.5 算法。

C4.5 的生成算法如下：

输入：训练数据集 D、特征集 A、阈值 ε；

输出：决策树 T。

（1）如果 D 中的所有实例均属于同一类 C_k，则置 T 为单节点树，并将 C_k 作为该节点的类，返回 T；

（2）如果 $A=\varnothing$，则置 T 为单节点树，并将 D 中实例数最大的类 C_k 作为该节点的类，返回 T；

（3）否则，按式（5－3）计算 A 中的各特征对 D 的信息增益率，选择信息增益率最大的特征 A_g；

（4）如果 A_g 的信息增益率小于阈值 ε，则置 T 为单节点树，并将 D 中实例数最大的类 C_k 作为该节点的类，返回 T；

（5）否则，对 A_g 的每一个可能值 a_i，依 $A_g=a_i$ 将 D 分割为若干非空子集 D_i，将 D_i 中实例数最大的类作为标记，构建子节点，由节点及其子节点构成树 T，返回 T；

（6）对节点 i，以 D_i 为训练集，以 $A-\{A_g\}$ 为特征集，递归地调用步骤（1）～（5），得到子树 T_i，返回 T_i。

例 5－5　对表 4－1 的样本数据集 D，利用 C4.5 算法建立决策树，并预测实例 $x=$（中年，无，无，好）的类标记 y。

解：（1）根据表 5－3，由于特征自有住房的信息增益率最大，所以选择自有住房为根节点。自有住房将样本数据集 D 划分为两个子集：取值“有”的样本点子集 D_1 和取值“无”的样本点子集 D_2。根据表 4－1，样本点子集 D_1 共有 6 个样本点，属于同一类“是”，所以它成为一个叶节点，节点的类标记为“是”；样本点子集 D_2 共有 9 个样本点，如表5－4 所示。

表 5－4　表 4－1 的衍生表

ID	年龄	工作	信贷信用	类别
1	青年	无	一般	否
2		无	好	否
3		有	好	是
4		无	一般	否
5	中年	无	一般	否
6		无	好	否

（续表）

ID	年龄	工作	信贷信用	类别
7	老年	有	好	是
8		有	很好	是
9		无	一般	否

样本点子集 D_2 有 3 个特征：年龄、工作、信贷信用。分别计算各个特征的信息增益率以选择新的特征。

首先计算 D_2 的信息熵：

$$H(D_2)=-\frac{3}{9}\log\frac{3}{9}-\frac{6}{9}\log\frac{6}{9}=\frac{1}{3}(3\log 3-2)=0.918$$

以特征年龄 A 为例，计算 D_2 的条件熵、信息增益、信息熵、信息增益率。

条件熵为

$$H(D_2|A)=\frac{4}{9}\times\left(-\frac{1}{4}\log\frac{1}{4}-\frac{3}{4}\log\frac{3}{4}\right)+\frac{2}{9}\times(-0\times\log 0-1\times\log 1)+\frac{3}{9}\left(-\frac{1}{3}\log\frac{1}{3}-\frac{2}{3}\log\frac{2}{3}\right)=\frac{2}{3}=0.667$$

信息增益为

$$g(D_2,A)=0.918-0.667=0.251$$

信息熵为

$$H_A(D_2)=-\frac{4}{9}\log\frac{4}{9}-\frac{2}{9}\log\frac{2}{9}-\frac{3}{9}\log\frac{3}{9}=\frac{1}{9}(15\log 3-10)=1.53$$

信息增益率为

$$g_R(D_2,A)=0.251/1.53=0.164$$

作为习题，计算此时特征工作、信贷信用的信息增益率（见表 5－5）。

表 5－5　样本点子集 D_2 各个特征的信息增益率总结

特征	信息熵 $H_A(D)$	条件熵 $H(D_2\|A)$	信息增益 $g(D_2,A)$	信息熵 $H_A(D_2)$	信息增益率 $g_R(D_2,A)$
年龄	0.918	0.667	0.251	1.53	0.164
工作	0.918	0	0.918	0.918	1
信贷信用	0.918	0.444	0.474	1.392	0.34

根据表 5－5，特征工作的信息增益率最大，将选择特征“工作”作为内部节点。特征工作取有、无 2 个值：对应值“有”的样本点共 3 个，这 3 个样本点属于同一类，所以它成为一个叶节点，该叶节点的类标记为“是”；对应值“无”的样本点共 6 个，这 6 个样本点也属于同一类，所以也成为一个叶节点，该叶节点的类标记为“否”。

这样就生成了一个如图 5 – 4 所示的决策树，该决策树用了自有住房、工作 2 个特征，有 2 个内部节点、3 个叶节点。

(2)实例 x = (中年，无，无，好)沿着图 5 – 4 右边的两个箭头直接指向“否”，即该实例 x 属于不同意贷款 y = “否”的类别。

比较例 4 – 8、例 4 – 9、例 5 – 5 发现，它们使用相同的数据集各自训练分类器，对同一个实例的预测结果是一致的。

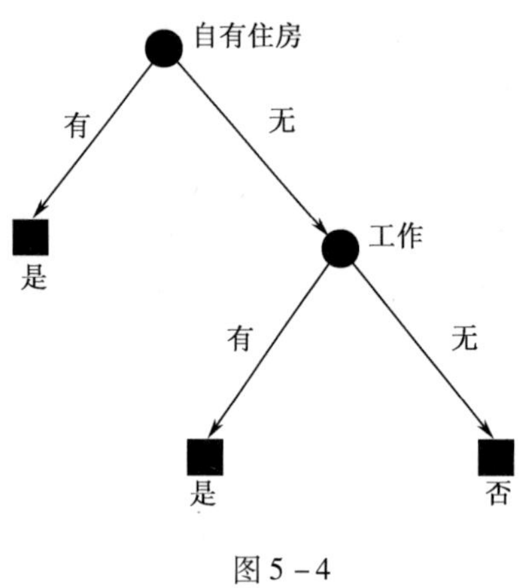

图 5 – 4

习题五

1. 查阅 ID3 算法，可参阅参考文献[2]，根据数据集表 4 – 1，用 ID3 算法生成决策树。

2. 分别计算由样本数据集 D 的特征工作、自有住房、信贷信用划分的样本子集的信息熵。

3. 分别计算由样本数据集 D 的特征工作、自有住房、信贷信用划分的样本子集的信息增益。

4. 分别计算由样本数据集 D 的特征工作、自有住房、信贷信用划分的样本子集的信息增益率。

5. 计算例 5 – 5 中的特征工作、信贷信用的信息增益率。

第六章　聚　类

6.1　K 均值聚类

6.1.1　聚类的简单例子

前面章节中的学习过程，都是事先知道学习的数据共有哪几个类别，并对训练数据标注了类别信息，这样的学习过程叫作监督学习。给数据标注类别信息，既需要专业的知识，也需要投入大量的人力劳动，同时博客、微信、视频等中大量自然发生的数据也不可能事先标注类别信息。这种没有标注信息的学习过程叫作无监督学习。下面通过一个简单例子来体验无监督学习。

如图 6－1 所示，已知 5 个特征点 $A(1.5,0.5)$，$B(2.6,1)$，$C(3,2.4)$，$D(4,1.7)$，$E(4.5,1.5)$，此外再无其他信息。怎样予以分类呢？由于没有标注信息，故是无监督学习问题。

无监督学习首先要确定分几个类别，假设分 K 个类别，K 是聚类算法的唯一参数。

情形 1：若 $K=1$，那么 A,B,C,D,E 属于同一类，无须再学习。

情形 2：若 $K=5$，那么 A,B,C,D,E 各自是一类，共 5 类，也无须再学习。

情形 3：假设 $K=2$，即将这 5 个特征点分成 2 类。由于 $K=2$，任取 2 个特征点，不妨极端一点，取 D,E 为初始特征点。

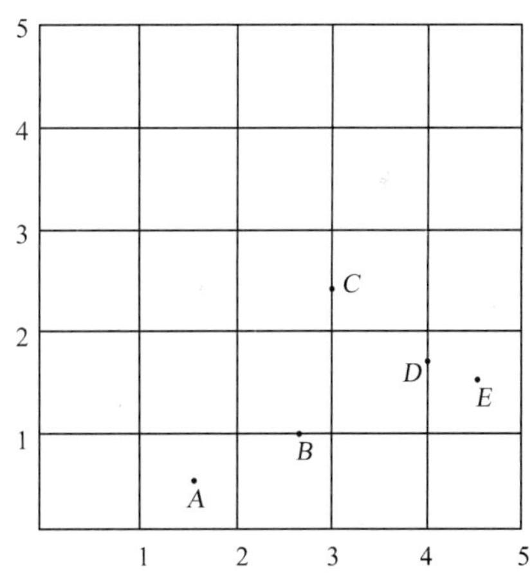

图 6－1　无标注样本的特征点

第一步：分别计算 A,B,C 与 D,E 的距离，如 C,D 间的距离为 $\sqrt{(4-3)^2+(1.7-2.4)^2}=1.22$。由于 A,B,C 与 D 的距离小，可将 A,B,C 与 D 归为一类，得聚类 $\{A,B,C,D\}$，用简单算术平均值法计算 $\{A,B,C,D\}$ 的均值点为 $(2.775,1.4)$，即

$$\frac{1.5+2.6+3+4}{4}=2.775,\quad \frac{0.5+1+2.4+1.7}{4}=1.4$$

第二步：分别计算 A,B,C,D 与均值点 $(2.775,1.4)$，$E(4.5,1.5)$ 的距离，距离点 $(2.775,1.4)$ 小的归为一类，得聚类 $\{A,B,C\}$，D 与 E 的距离小于 D 与 $(2.775,1.4)$ 的距离，得另一聚类 $\{D,E\}$。计算 $\{A,B,C\}$ 的均值点为 $(2.37,1.3)$，$\{D,E\}$ 的均值点为 $(4.25,1.6)$。

第三步：分别计算 A,B,C,D,E 与均值点 $(2.37,1.3)$，$(4.25,1.6)$ 的距离，距离点

(2.37,1.3)小的归为一类,得聚类{A,B,C},距离点(4.25,1.6)小的归为另一聚类{D,E}。结论同第二步,已收敛。整个计算过程如表6-1所示。

表6-1　整个计算过程

	均值向量	A	B	C	D	E	归类	聚类	计算均值
初始值	D(4,1.7)	2.773	1.56	1.22			A,B,C	A,B,C,D	(2.775,1.4)
	E(4.5,1.5)	3.16	1.96	1.75				E	(4.5,1.5)
第二步	(2.775,1,4)	1.56	0.44	1.025	1.26		A,B,C	A,B,C	(2.37,1.3)
	(4.5,1.5)	3.16	1.96	1.75	0.54		D	D,E	(4.25,1.6)
第三步	(2.37,1.3)	1.18	0.38	1.27	1.68	2.14	A,B,C	A,B,C	
	(4.25,1.6)	2.96	1.76	1.48	0.27	0.27	D,E	D,E	

作为习题,以A,D为初始值,计算分类结果,得到{A,B}为一聚类,{C,D,E}为另一聚类。这说明了两点:第一,这个算法最终会收敛到一个稳定的局部最优值,不一定全局最优,这是由算法中欧几里得距离保持不增决定的;第二,分类结果与初始值有关。

6.1.2　K均值聚类

本章的数据集D如表6-2所示。

表6-2　本章的数据集D

序号	密度	含糖率
1	0.697	0.460
2	0.774	0.376
3	0.634	0.264
4	0.608	0.318
5	0.556	0.215
6	0.403	0.237
7	0.481	0.149
8	0.437	0.211
9	0.666	0.091
10	0.243	0.267
11	0.245	0.057
12	0.343	0.099
13	0.639	0.161
14	0.657	0.198
15	0.360	0.370
16	0.593	0.042

（续表）

序号	密度	含糖率
17	0. 719	0. 103
18	0. 359	0. 188
19	0. 339	0. 241
20	0. 282	0. 257
21	0. 748	0. 232
22	0. 714	0. 346
23	0. 483	0. 312
24	0. 478	0. 437
25	0. 525	0. 369
26	0. 751	0. 489
27	0. 532	0. 472
28	0. 473	0. 376
29	0. 725	0. 445
30	0. 446	0. 459

聚类的基本思想是：特征空间中相近的样本，可能属于同一个类别。“相近的”含义是：可以用特征空间中两点之间的距离来度量，也可以是样本以一定的概率属于某类。

K 均值算法的输入是训练样本，以及事先假定类别的数目 K，所以称为 K 均值。下面以表 6－2 所列的数据集 D 为例说明具体计算方法：

第一步：确定聚类数 $K=3$。

第二步：随机选取 3 个样本 $\boldsymbol{x}_8,\boldsymbol{x}_{14},\boldsymbol{x}_{25}$，作为初始均值向量，即

$$\boldsymbol{\mu}_1=(0.437,0.211),\quad \boldsymbol{\mu}_2=(0.657,0.198),\quad \boldsymbol{\mu}_3=(0.525,0.369)$$

（如果第一步取 $K=2$，这步则只需取 2 个样本）

将数据集输入 Excel 表中，占 A 列、B 列，另输入 3 列：

=SQRT((A1 -0.437)^2 + (B1 -0.211)^2)

=SQRT((A1 -0.657)^2 + (B1 -0.198)^2)

=SQRT((A1 -0.525)^2 + (B1 -0.369)^2)

考察样本 $\boldsymbol{x}_1=(0.697,0.460)$，它与当前的均值向量 $\boldsymbol{\mu}_1,\boldsymbol{\mu}_2,\boldsymbol{\mu}_3$ 的距离分别为 0. 36，0. 265，0. 195，按照最近的原则，$\boldsymbol{x}_1$ 被划入簇 C_3 中。用同样的方法，数据集 D 中的 30 个样本可划分为（用下标代表样本）：

$$C_1=\{6,7,8,10,11,12,18,19,20\}$$
$$C_2=\{2,3,5,9,13,14,16,17,21,22\}$$
$$C_3=\{1,4,15,23,24,25,26,27,28,29,30\}$$

第三步：从 C_1,C_2,C_3 中分别求出 3 个新的均值向量：

$$\boldsymbol{\mu}_1' = (0.348, 0.19), \quad \boldsymbol{\mu}_2' = (0.67, 0.2028), \quad \boldsymbol{\mu}_3' = (0.5525, 0.41)$$

动手计算：只在 Excel 表中进行简单的均值计算，即

= Average(A6, A7, …, A20) = 0.348

= Average(B6, B7, …, B20) = 0.19

可得$\boldsymbol{\mu}' = (0.348, 0.19)$。

同样地，计算 30 个样本与当前均值向量$\boldsymbol{\mu}_1', \boldsymbol{\mu}_2', \boldsymbol{\mu}_3'$的距离，按照最近的原则，数据集 D 中的 30 个样本可重新划分为

$$C_1 = \{6,7,8,10,11,12,15,18,19,20\}$$

$$C_2 = \{2,3,5,9,13,14,16,17,21,22\}$$

$$C_3 = \{1,4,23,24,25,26,27,28,29,30\}$$

第四步：计算第三步中 C_1, C_2, C_3 新的均值向量为

$$\boldsymbol{\mu}_1'' = (0.3492, 0.2076), \quad \boldsymbol{\mu}_2'' = (0.67, 0.2028), \quad \boldsymbol{\mu}_3'' = (0.5718, 0.413)$$

同样地，计算 30 个样本与当前均值向量$\boldsymbol{\mu}_1'', \boldsymbol{\mu}_2'', \boldsymbol{\mu}_3''$的距离，按照最近的原则，数据集 D 中的 30 个样本划分的结果与第三步中的 C_1, C_2, C_3 完全相同，算法收敛。最终的聚类为

$$C_1 = \{6,7,8,10,11,12,15,18,19,20\}$$

$$C_2 = \{2,3,5,9,13,14,16,17,21,22\}$$

$$C_3 = \{1,4,23,24,25,26,27,28,29,30\}$$

6.2 EM 算法

6.1.2 节的计算过程说明，K 均值算法将每个样本都明确地划分到某个类。具体过程是：

(1) 根据现有的聚类结果，将所有的数据点重新划分。

(2) 根据重新划分的结果，生成新的聚类。该步骤中的生成新聚类的过程，相当于将标注信息的数据点分类，因而这步是监督学习问题。

上述两个步骤交替进行，直至收敛，自动完成分类。

EM(expectation maximization) 算法是上述算法的一般化。K 均值算法用于硬聚类。EM 算法用于软聚类。EM 算法中的样本以一定的概率属于某类，并且该概率定义了距离度量。EM 算法使用两个步骤交替计算：E 步，利用当前估计的参数值来计算期望值；M 步，寻找能使期望值最大化的参数值。然后，新得到的参数值重新被用于 E 步，再最大化 M 步……直至收敛到最优解。特别地，EM 算法常用于含有隐变量的问题求解。下面通过一个具体例子说明什么是隐变量。

例 6－1 （三硬币模型）假设有 3 枚硬币，分别记作 A, B, C，这些硬币正面出现的概率分别是 π, p 和 q。进行如下掷硬币试验：先掷硬币 A，根据其结果选出硬币 B 或硬币 C，正面选硬币 B，反面选硬币 C；然后掷选出的硬币，掷硬币的结果出现正面记作 1，出现反面记作 0。独立地重复进行 n 次试验（这里，$n = 10$），观测结果如下：

1,1,0,1,0,0,1,0,1,1

假设只能观测到掷硬币的结果，不能观测掷硬币的过程。问：如何估计三硬币正面出

现的概率,即三硬币模型的参数?

解:假设模型参数的初值取为 $\pi=0.5, p=0.5, q=0.5$。

E 步:计算在模型参数的初值下观测数据 y_j 来自掷硬币 B 的概率 μ_j,首先观测不到抛硬币 A 的结果,所以 A 是一个隐变量。隐变量不是出现正面,就是出现反面,由于出现正面的概率为 π,因此出现反面的概率为 $1-\pi$。

现在分析隐变量出现正面,此时抛硬币 B,硬币 B 出现正面记作 1,出现反面记作 0,这是可观测的。序列 1,1,0,1,0,0,1,0,1,1 中的 $y_j=1$ 或 $y_j=0$,不是来自抛硬币 B 就是来自抛硬币 C,求来自抛硬币 B 的概率 μ_j。

若 $y_j=1$,出现正面,这个正面来自 B 的概率是 p;若 $y_j=0$,出现反面,这个反面来自 B 的概率是 $(1-p)$。y_j 不是 1 就是 0,所以无论出现正面还是反面,y_j 来自 B 的概率可统一表示成

$$p^{y_j}(1-p)^{1-y_j}$$

接着分析隐变量出现反面,此时抛硬币 C,与上相同,y_j 来自 C 的概率可统一表示成

$$q^{y_j}(1-q)^{1-y_j}$$

因此,y_j 出现的概率是(可用全概率公式)

$$\pi p^{y_j}(1-p)^{1-y_j}+(1-\pi)q^{y_j}(1-q)^{1-y_j}$$

我们用贝叶斯法则估算 μ_j:

$$\mu_j=\frac{\pi p^{y_j}(1-p)^{1-y_j}}{\pi p^{y_j}(1-p)^{1-y_j}+(1-\pi)q^{y_j}(1-q)^{1-y_j}} \tag{6-1}$$

将 $\pi=0.5, p=0.5, q=0.5$ 代入上式:无论 $y_j=1$ 还是 $y_j=0$,$\mu_j=0.5, j=1,2,\cdots,10$。

M 步:E 步的计算表明,序列 1,1,0,1,0,0,1,0,1,1 中的每个可观测到的 y_j,来自抛硬币 B 的概率是 0.5,那么来自抛硬币 C 的概率也是 0.5,据此计算模型参数的新估计值 π, p, q。

先看 π 的估计:π 是隐变量出现正面的概率,无法直接观测,但出现正面抛硬币 B 的结果可观测,我们用观测数据 y_j 来自 B 的概率 μ_j 的均值来估计 π,即

$$\pi=\frac{1}{10}(\mu_1+\mu_2+\cdots+\mu_{10})=0.5$$

再看 p 的估计:p 是抛硬币 B 出现正面的概率,序列 1,1,0,1,0,0,1,0,1,1 中出现正面的是 $y_1=1, y_2=1, y_4=1, y_7=1, y_9=1, y_{10}=1$,这些正面来自 B 的可能个数由 E 步可知是

$$\mu_1y_1+\mu_2y_2+\mu_4y_4+\mu_7y_7+\mu_9y_9+\mu_{10}y_{10}=0.5\times6=3$$

序列中所有 y_j 来自 B 的可能个数是

$$\mu_1+\mu_2+\cdots+\mu_{10}=10\times0.5=5$$

可用这两者的商估计 p,所以

$$p=\frac{\mu_1y_1+\mu_2y_2+\mu_4y_4+\mu_7y_7+\mu_9y_9+\mu_{10}y_{10}}{\mu_1+\mu_2+\cdots+\mu_{10}}=\frac{6\times0.5}{10\times0.5}=0.6$$

即 p 用可观测数据 y_j 的加权平均估计,权重是可观测数据 y_j 的后验概率。同理,$q=0.6$。

经过一轮 EM 算法,模型的参数由初值 $\pi=0.5, p=0.5, q=0.5$,改进到参数 $\pi=0.5$,

$p=0.6, q=0.6$。在此前提下，再进行第二轮 EM 算法：

E 步：利用上一个 E 步中的公式(6－1)，将 $\pi=0.5, p=0.6, q=0.6$ 代入，有

$$\mu_j=\frac{0.5\times0.6^{y_j}0.4^{1-y_j}}{0.5\times0.6^{y_j}\times0.4^{1-y_j}+0.5\times0.6^{y_j}0.4^{1-y_j}}=0.5$$

M 步：完全同上一个 M 步的计算，可得

$$\pi=0.5,\quad p=0.6,\quad q=0.6$$

因此，当初值为 $\pi=0.5, p=0.5, q=0.5$ 时，该三硬币模型的参数为 $\pi=0.5, p=0.6, q=0.6$。

因此，应用 EM 算法可以解决含有隐变量的问题。

6.3 高斯混合聚类

6.3.1 正态分布回顾

正态分布是最重要的一种概率分布，也叫“高斯分布”。高斯是最伟大的数学家之一，这个称谓名副其实。高斯论证了当时天文学中出现的观测误差符合正态分布。

常见的标准正态分布 $N(0,1)$ 如图 6－2 所示。

正态分布由数学期望 μ 和方差 σ 唯一决定。一般地，连续型随机变量有概率密度函数(probability density function, PDF)和累积分布函数(cumulative distribution function, CDF)。标准正态分布的密度函数为 $\varphi(x)=\frac{1}{\sqrt{2\pi}}\mathrm{e}^{-\frac{x^2}{2}}$，正是图 6－2 中上面的曲线。

一般的正态分布 $N(\mu,\sigma^2)$ 的概率密度函数是 $\varphi(x)=\frac{1}{\sqrt{2\pi}}\mathrm{e}^{-\frac{(x-\mu)^2}{2\sigma^2}}$，

累积分布函数为

$$\Phi(x)=\frac{1}{\sqrt{2\pi}}\int_{-\infty}^{x}\mathrm{e}^{-\frac{(x-\mu)^2}{2\sigma^2}}\mathrm{d}x$$

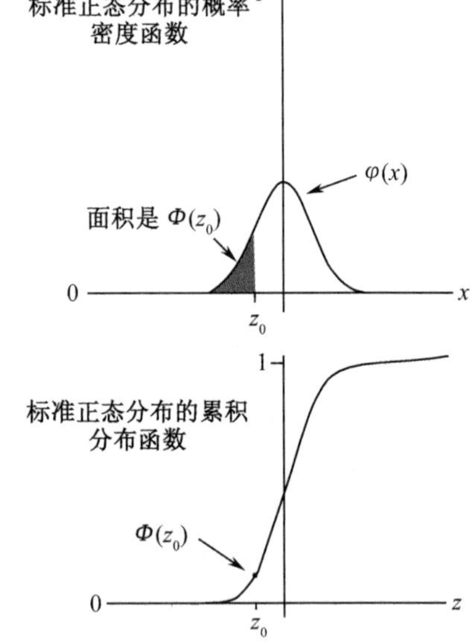

图 6－2 标准正态分布

6.3.2 高斯混合聚类

高斯二元正态分布(以下简称“高斯分布”)的概率密度 $p(\boldsymbol{x})$ 为

$$p(\boldsymbol{x})=\frac{1}{2\pi|\boldsymbol{\Sigma}|^{\frac{1}{2}}}\mathrm{e}^{-\frac{1}{2}(\boldsymbol{x}-\boldsymbol{\mu})\boldsymbol{\Sigma}^{-1}(\boldsymbol{x}-\boldsymbol{\mu})^{\mathrm{T}}} \tag{6-2}$$

其中，$\boldsymbol{\mu}$ 是 2 维均值向量；$\boldsymbol{\Sigma}$ 是 2×2 的协方差矩阵，$\boldsymbol{\Sigma}=\begin{pmatrix}\sigma_1^2 & \rho\sigma_1\sigma_2\\ \rho\sigma_1\sigma_2 & \sigma_2^2\end{pmatrix}$，$|\boldsymbol{\Sigma}|$ 是 $\boldsymbol{\Sigma}$ 的行列式，$\boldsymbol{\Sigma}^{-1}$ 是 $\boldsymbol{\Sigma}$ 的逆矩阵。

因此，高斯分布完全由均值向量 $\boldsymbol{\mu}$ 和协方差矩阵 $\boldsymbol{\Sigma}$ 这两个参数确定，为了明确显示

高斯分布与相应参数的依赖关系，将概率密度函数记为 $p(\boldsymbol{x}|\boldsymbol{\mu},\boldsymbol{\Sigma})$。

定义高斯混合分布为

$$p_m(X)=\sum_{i=1}^{k}\alpha_i\cdot p(\boldsymbol{x}|\boldsymbol{\mu}_i,\boldsymbol{\Sigma}_i)$$

该分布由 k 个混合成分组成，每个混合成分对应一个高斯分布。其中，$\boldsymbol{\mu}_i$ 与 $\boldsymbol{\Sigma}_i$ 是第 i 个高斯混合成分的参数，而 $\alpha_i>0$ 为相应的"混合系数"(mixture coefficient)，$\sum_{i=1}^{k}\alpha_i=1$。

假设样本的生成过程由高斯混合分布给出：首先根据 $\alpha_1,\alpha_2,\cdots,\alpha_k$ 定义的先验分布选择高斯混合成分，其中 α_i 为选择第 i 个混合成分的概率；然后根据被选择的混合成分的概率密度函数进行采样，从而生成相应的样本。

假设本章开始的数据集 $D=\{\boldsymbol{x}_1,\boldsymbol{x}_2,\cdots,\boldsymbol{x}_{30}\}$ 由上述过程生成，其中 $k=3$，即由 3 个二元正态分布生成。令随机变量 Z 表示生成样本 $\boldsymbol{x}_j$ 的高斯混合成分，其取值未知。显然 Z 的先验概率 $P(Z_1=1),P(Z_2=2),P(Z_3=3)$ 对应于 $\alpha_1,\alpha_2,\alpha_3$，根据贝叶斯定理，$Z$ 的后验分布对应于

$$\begin{aligned}p_m(Z=i|\boldsymbol{x}_j)&=\frac{P(Z=i)\cdot p_m(\boldsymbol{x}_j|Z=i)}{p_m(\boldsymbol{x}_j)}\\&=\frac{\alpha_i\cdot p(\boldsymbol{x}_j|\boldsymbol{\mu}_i,\boldsymbol{\Sigma}_i)}{\alpha_1\cdot p(\boldsymbol{x}_j\mid\boldsymbol{\mu}_1,\boldsymbol{\Sigma}_1)+\alpha_2\cdot p(\boldsymbol{x}_j\mid\boldsymbol{\mu}_2,\boldsymbol{\Sigma}_2)+\alpha_3\cdot p(\boldsymbol{x}_j\mid\boldsymbol{\mu}_3,\boldsymbol{\Sigma}_3)}\end{aligned} \tag{6-3}$$

换言之，$p_m(Z=i|\boldsymbol{x}_j)$ 给出了样本 $\boldsymbol{x}_j$ 由第 i 个高斯混合成分生成的后验概率，简记为 γ_{ji}，$i=1,2,3$。

同 K 均值聚类相似，高斯混合聚类将样本集 D 划分为 3 个集合 $C=C_1\cup C_2\cup C_3$，每个样本 $\boldsymbol{x}_j$ 归入其后验概率 $\gamma_{j1},\gamma_{j2},\gamma_{j3}$ 中取值最大的，如三者中 γ_{j2} 最大，就归入 C_2。

假设 $\alpha_1=\alpha_2=\alpha_3=\frac{1}{3}$，任取 3 个数据点作为初始均值向量：

$$\boldsymbol{\mu}_1=\boldsymbol{x}_6=(0.403,0.237)$$

$$\boldsymbol{\mu}_2=\boldsymbol{x}_{22}=(0.714,0.346)$$

$$\boldsymbol{\mu}_3=\boldsymbol{x}_{27}=(0.532,0.472)$$

$$\boldsymbol{\Sigma}_1=\boldsymbol{\Sigma}_2=\boldsymbol{\Sigma}_3=\begin{pmatrix}0.1 & 0\\0 & 0.1\end{pmatrix}$$

E 步：先计算样本由各混合成分生成的后验概率。

动手计算：$\boldsymbol{\Sigma}^{-1}=\begin{pmatrix}10 & 0\\0 & 10\end{pmatrix}$。

以 $\boldsymbol{x}_1$ 为例：

$$\boldsymbol{x}_1-\boldsymbol{\mu}_1=(0.294,0.223)$$

$$\boldsymbol{x}_1-\boldsymbol{\mu}_2=(-0.017,0.114)$$

$$\boldsymbol{x}_1-\boldsymbol{\mu}_3=(0.165,-0.012)$$

将式(6-2)代入式(6-3)后化简，得

$$\gamma_{11}=\frac{e^{-5\times(0.294^2+0.223^2)}}{e^{-5\times(0.294^2+0.223^2)}+e^{-5\times(0.017^2+0.114^2)}+e^{-5\times(0.165^2+0.012^2)}}=\frac{0.5062}{2.314}=0.2188$$

$$\gamma_{12}=\frac{0.9357}{2.314}=0.4044$$

$$\gamma_{13}=\frac{0.8721}{2.314}=0.3769$$

所以 $\boldsymbol{x}_1\in C_2$。

将 30 个样本依此方法计算后分类，得到初步的聚类：

$$C_1=\{5,6,7,8,10,11,12,15,16,18,19,20,23\}$$

$$C_2=\{1,2,3,4,9,13,14,17,21,22,26,29\}$$

$$C_3=\{24,25,27,28,30\}$$

M 步：更新模型参数 $\alpha,\boldsymbol{\mu},\boldsymbol{\Sigma}$。其实上面的 E 步相当于给 30 个样本标注了信息，此 M 步实为监督学习。

参数 α_i 的计算公式为

$$\alpha_i=\frac{1}{m}\sum_{j=1}^{m}\gamma_{ji}$$

即每个高斯成分的混合系数由样本属于该成分的平均后验概率确定：

$$\alpha'_1=\frac{1}{30}\sum_{j=1}^{30}\gamma_{j1}=0.361$$

$$\alpha'_2=\frac{1}{30}\sum_{j=1}^{30}\gamma_{j2}=0.323$$

$$\alpha'_3=\frac{1}{30}\sum_{j=1}^{30}\gamma_{j3}=0.316$$

参数 $\boldsymbol{\mu}'_i$ 的计算公式为

$$\boldsymbol{\mu}'_i=\frac{\sum_{j=1}^{30}\gamma_{ji}\boldsymbol{x}_j}{\sum_{j=1}^{30}\gamma_{ji}}$$

即各混合成分的均值可通过样本加权平均值来估计，样本权重是每个样本属于该成分的后验概率：

$$\boldsymbol{\mu}'_1=\frac{\sum_{j=1}^{30}\gamma_{j1}\boldsymbol{x}_j}{10.831}=(0.4909,0.251)$$

$$\boldsymbol{\mu}'_2=\frac{\sum_{j=1}^{30}\gamma_{j2}\boldsymbol{x}_j}{9.7}=(0.5712,0.288)$$

$$\boldsymbol{\mu}'_3=\frac{\sum_{j=1}^{30}\gamma_{j3}\boldsymbol{x}_j}{9.47}=(0.5335,0.295)$$

参数 $\boldsymbol{\Sigma}'_i$ 的计算公式为

$$\boldsymbol{\Sigma}'_i=\frac{\sum_{j=1}^{30}\gamma_{ji}(\boldsymbol{x}_j-\boldsymbol{\mu}'_i)(\boldsymbol{x}_j-\boldsymbol{\mu}'_i)^{\mathrm{T}}}{\sum_{j=1}^{30}\gamma_{ji}}$$

$$\boldsymbol{\Sigma}'_1=\frac{1}{10.831}\sum_{j=1}^{30}\gamma_{j1}(\boldsymbol{x}_j-\boldsymbol{\mu}'_i)(\boldsymbol{x}_j-\boldsymbol{\mu}'_i)^{\mathrm{T}}=\begin{pmatrix}0.0253 & 0.0041\\ 0.0041 & 0.016\end{pmatrix}$$

$$\boldsymbol{\Sigma}_2' = \begin{pmatrix} 0.023 & 0.004 \\ 0.004 & 0.017 \end{pmatrix}$$

$$\boldsymbol{\Sigma}_3' = \begin{pmatrix} 0.024 & 0.005 \\ 0.005 & 0.016 \end{pmatrix}$$

M 步后，模型的各参数全部更新，据此再重复 E 步，然后 M 步。不断重复上述过程，不同轮数之后的聚类结果如图 6－3 所示，该图取自参考文献[3]。

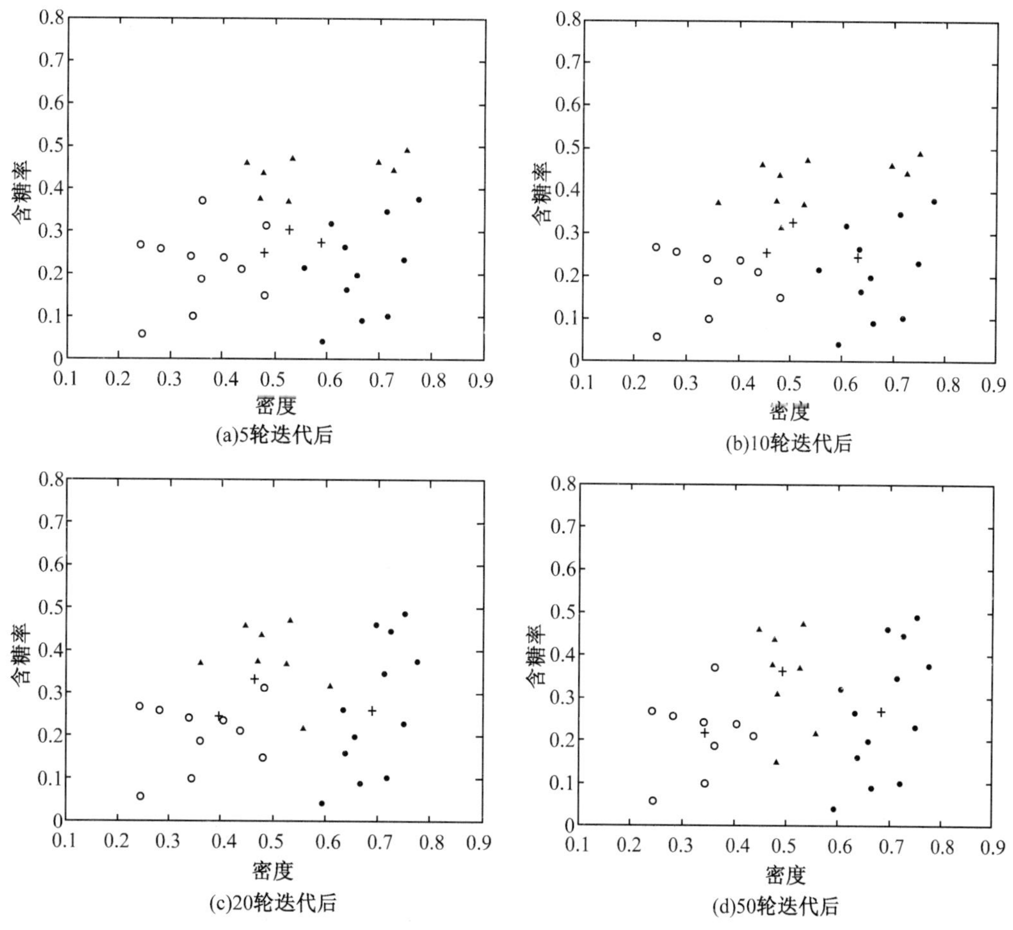

图 6－3 不同轮数之后的聚类结果

6.4 层次聚类

层次聚类(hierarchical clustering)试图在不同层次对数据集进行划分，从而形成树形的聚类结构。本节利用表 2－1 所示的鸢尾花数据集，采用“自底向上”的聚合策略划分数据集。

第一步：鸢尾花数据集有 8 个样本，每个样本看作一个初始聚类簇，共有 8 个初始聚类簇，每簇只有一个样本，用欧几里得距离计算每两个初始聚类簇间的距离 d，找出距离最近的两个初始聚类簇，合并为一个聚类簇。经过计算，样本 $\boldsymbol{x}_3,\boldsymbol{x}_4$ 间的距离 $d(\boldsymbol{x}_3,\boldsymbol{x}_4)=0.1$ 最小，将 $\boldsymbol{x}_3,\boldsymbol{x}_4$ 合为一簇 $\{\boldsymbol{x}_3,\boldsymbol{x}_4\}$。

第二步：聚类簇从 8 个初始聚类簇下降至 7 个聚类簇；簇 $\{\boldsymbol{x}_3,\boldsymbol{x}_4\}$ 有 2 个样本，其余 6 个聚类簇各有 1 个样本。现在出现的问题就是，一个样本簇比如 $\{\boldsymbol{x}_2\}$，它与聚类簇 $\{\boldsymbol{x}_3,\boldsymbol{x}_4\}$ 之间的距离怎样计算。我们采用簇间最大距离，也就是计算两个簇间的最远样本。因为

$$d(\boldsymbol{x}_2,\boldsymbol{x}_3)=0.2234$$
$$d(\boldsymbol{x}_2,\boldsymbol{x}_4)=0.3162$$

所以簇 $\{\boldsymbol{x}_2\}$ 与簇 $\{\boldsymbol{x}_3,\boldsymbol{x}_4\}$ 间的距离为 0.3162。

第二步中合并的簇为 $\{\boldsymbol{x}_1,\boldsymbol{x}_2\}$，因为 $d(\boldsymbol{x}_1,\boldsymbol{x}_2)=0.2236$。

第三步：此时有 6 个聚类簇，一般地，两个聚类簇 U,V 间的最大距离为

$$d_{\max}(U,V)=\max_{\boldsymbol{x}_i\in U,\boldsymbol{x}_j\in V} d(\boldsymbol{x}_i,\boldsymbol{x}_j)$$

所以簇 $\{\boldsymbol{x}_1,\boldsymbol{x}_2\}$，$\{\boldsymbol{x}_3,\boldsymbol{x}_4\}$ 间的距离为 0.5385。由于 $d(\boldsymbol{x}_7,\boldsymbol{x}_8)=0.4$，因此合并为一簇 $\{\boldsymbol{x}_7,\boldsymbol{x}_8\}$。

第四步：将簇 $\{\boldsymbol{x}_1,\boldsymbol{x}_2\}$，$\{\boldsymbol{x}_3,\boldsymbol{x}_4\}$ 合并为一簇 $\{\boldsymbol{x}_1,\boldsymbol{x}_2,\boldsymbol{x}_3,\boldsymbol{x}_4\}$。

……

整个聚类过程如表 6－3 所示。

表 6－3　鸢尾花数据集层次聚类过程

步骤	最短距离	合并样本	样本点与合并样本簇的距离							
			$\boldsymbol{x}_1$	$\boldsymbol{x}_2$	$\boldsymbol{x}_3$	$\boldsymbol{x}_4$	$\boldsymbol{x}_5$	$\boldsymbol{x}_6$	$\boldsymbol{x}_7$	$\boldsymbol{x}_8$
第一步	0.1	$\{\boldsymbol{x}_3,\boldsymbol{x}_4\}$	0.539	0.316	0	0	2.088	2.657	3.418	3.795
第二步	0.2236	$\{\boldsymbol{x}_1,\boldsymbol{x}_2\}$	0	0	0.447	0.539	2.53	3.102	3.863	4.238
第三步	0.4	$\{\boldsymbol{x}_7,\boldsymbol{x}_8\}$	4.238	4.016	3.795	3.7	1.709	1.14	0	0
第四步	0.5385	$\{\boldsymbol{x}_1,\boldsymbol{x}_2,\boldsymbol{x}_3,\boldsymbol{x}_4\}$	0	0	0	0	2.53	3.102	3.863	4.238
第五步	0.5830	$\{\boldsymbol{x}_5,\boldsymbol{x}_6\}$	3.102	2.879	2.657	2.563	0	0	1.342	1.709
第六步	1.7088	$\{\boldsymbol{x}_5,\boldsymbol{x}_6,\boldsymbol{x}_7,\boldsymbol{x}_8\}$	4.238	4.016	3.795	3.7	0	0	0	0

其实，这里的 $d(\boldsymbol{x}_i,\boldsymbol{x}_j)$ 一般在第一步中已全部计算完毕，后面的第二步、第三步、第四步只是比较大小，合并，再不断比较大小，合并，最终形成图 6－4 所示的树状图，其中每层链接一组聚类簇。

在树状图的特定层次上进行分割，则可得到相应的簇划分结果，以图 6－4 中所示的虚线分割树状图，可得到 2 个聚类簇的结果：

$$C_1 = \{\boldsymbol{x}_1, \boldsymbol{x}_2, \boldsymbol{x}_3, \boldsymbol{x}_4\}$$
$$C_2 = \{\boldsymbol{x}_5, \boldsymbol{x}_6, \boldsymbol{x}_7, \boldsymbol{x}_8\}$$

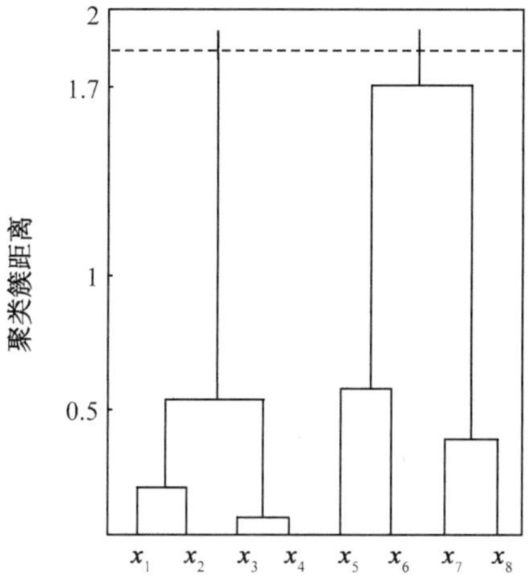

图 6－4 表 6－3 中数据的层次聚类

实验实训四 *K* 均值聚类

1. 实验实训要求

(1)准备无标记样本。

(2)给定 K,计算每类样本的聚类中心。

(3)改变 K,观察聚类变化。

2. 实验实训目的

(1)了解无监督学习。

(2)讨论机器是怎样进行知识发现的。

实验实训报告(四)

姓　名		班　级		组　别	
实验实训名称				数据集	
主要步骤					
结果分析					
评　　价					

习题六

1. 求 6.1.1 节中以 A,D 为初始值进行 K 均值聚类的结果。
2. 根据参考文献[3],求本章数据集 D 的层次聚类。

第七章　文本处理

7.1　马尔可夫链

7.1.1　马尔可夫链

考虑一个离散时间 $t=0,1,2,\cdots$ 上的随机过程

$$\{X^{(t)},t=0,1,2,\cdots\}$$

$X^{(t)}$ 的取值记为 $x^{(t)}$，叫作状态。假设状态集合 S 是可数的，则 S 称为该随机过程的状态空间。

例 7 –1　令 $X^{(t)}$ 是第 t 天的天气，其状态空间 S 为

$$S=\{晴,刮风,雨,阴\}$$

这是一个随机过程，其中一个可能的实现是

$$X^{(0)}=晴,\quad X^{(1)}=阴,\quad X^{(2)}=阴,\quad X^{(3)}=雨,\quad X^{(4)}=刮风,\quad \cdots$$

例 7 –2　假设某人手拿一枚硬币站在有整数标记的实线上。开始，站在原点抛硬币，正面向上向右走一步，反面向上向左走一步；然后，站在 -1 或 1 处，再抛硬币，同样正面向上向右走一步，反面向上向左走一步；接着，站在 $\{-2,0,2\}$ 中的一处，继续抛硬币，……状态空间为

$$S=\{\cdots,-2,-1,0,1,2,\cdots\}$$

这是一个随机过程，其中一个可能的实现是

$$X^{(0)}=0,\quad X^{(1)}=-1,\quad X^{(2)}=-2,\quad X^{(3)}=-1,\quad X^{(4)}=0,\quad X^{(5)}=1,\quad \cdots$$

上述数列是一个时间序列，如果我们取 $X^{(4)}=0$ 是当前状态，那么 $X^{(0)}=0,X^{(1)}=-1,X^{(2)}=-2,X^{(3)}=-1$ 是过去状态，$X^{(5)}=1,\cdots$ 是未来状态。显然，未来状态 $X^{(5)}$ 只与当前状态 $X^{(4)}$ 有关，与过去状态 $X^{(0)},X^{(1)},X^{(2)},X^{(3)}$ 无关，这就是马尔可夫性质，有时也称"一步记忆"。当然，任取 $X^{(n)}$ 作为当前状态，上述分析也是成立的，因此，例 7 –2 的状态序列

$$0,\quad -1,\quad -2,\quad -1,\quad 0,\quad 1,\quad \cdots$$

具有马尔可夫性质。即：任意给定过去的状态 $X^{(0)},X^{(1)},\cdots,X^{(n-1)}$ 和当前状态 $X^{(n)}$，未来状态 $X^{(n+1)}$ 的条件分布独立于过去状态而仅依赖于当前状态。独立性是随机事件的重要性质，马尔可夫性质是状态间的独立性，也是随机过程的重要性质，具备马尔可夫性质的随机过程叫马尔可夫链。

状态空间 S 是包含马尔可夫链的所有可能状态的集合，是一个可数集。为了简单，假设状态空间 S 为

$$S=\{0,1,2,3,\cdots\}$$

记号 $X^{(t)}=j$ 意味着随机过程在 t 时刻处于状态 j。

定义 1：令 $p_{ij}{}^{(t)}$ 为 t 时刻从状态 i 转移到下一个时刻 $t+1$ 状态 j 的概率，如果对所有的 $t=0,1,2,\cdots$ 和 $x^{(0)},x^{(1)},\cdots,x^{(t-1)},i,j\in S$，有

$$\begin{aligned} p_{ij}{}^{(t)} &= P(X^{(t+1)}=j \mid X^{(0)}=x^{(0)},\cdots,X^{(t-1)}=x^{(t-1)},X^{(t)}=i) \\ &= P(X^{(t+1)}=j \mid X^{(t)}=i) \end{aligned}$$

则称序列 $\{x^{(t)}\}$，$t=0,1,2,\cdots$ 是一条马尔可夫链，且称 $p_{ij}{}^{(t)}$ 为一步转移概率。如果每步转移概率都是一样的，即一步转移概率不随 t 改变，则称此链为时间齐性的，且 $p_{ij}{}^{(t)}=p_{ij}$。

一条马尔可夫链由其转移概率所决定。显然

$$\sum_j p_{ij}=1,\quad p_{ij}\geqslant 0,\quad i,j=0,1,2,\cdots$$

转移概率 p_{ij} 可排成一个转移概率矩阵：

$$\boldsymbol{P}=(p_{ij})=\begin{pmatrix} p_{00} & p_{01} & p_{02} & \cdots \\ p_{10} & p_{11} & p_{12} & \cdots \\ \vdots & \vdots & \vdots & \cdots \\ p_{i0} & p_{i1} & p_{i2} & \cdots \end{pmatrix}$$

这是一个每行元素和为 1 的非负元素的矩阵，称为马尔可夫链的一步转移概率矩阵。

例 7－3 设 $X^{(n)}$ 是具有两个状态的过程，状态集合 $S=\{0,1\}$，用 $X^{(n)}$ 描述顾客的行为。如果顾客在第 n 日上京东购物，记 $X^{(n)}=0$；如果顾客在第 n 日上天猫购物，记 $X^{(n)}=1$。假设京东的顾客在下一次购物时会以概率 $\alpha(\alpha>0)$ 转到天猫，同时天猫的顾客会以概率 $\beta(\beta\geqslant 0)$ 转到京东，由于未来状态（下一次上哪一家超市购物）仅依赖于当前状态，这是一个马尔可夫链。

京东的顾客在下一次购物时以概率 α 转移到天猫，那么继续到京东购物的概率为 $1-\alpha$，即 $p_{00}=1-\alpha$，$p_{01}=\alpha$，同样，$p_{10}=\beta$，$p_{11}=1-\beta$。此过程的一步转移概率矩阵为

$$\boldsymbol{P}=\begin{pmatrix} p_{00} & p_{01} \\ p_{10} & p_{11} \end{pmatrix}=\begin{pmatrix} 1-\alpha & \alpha \\ \beta & 1-\beta \end{pmatrix}$$

例 7－4 （随机游走）如图 7－1 所示，一个人在数轴整数点上随机游走，则状态空间 S 为

$$\{\cdots,-2,-1,0,1,2,\cdots\}$$

每次处在状态 i 时会以概率 $p(0<p<1)$ 向前移动一步（$+1$）或以概率（$1-p$）向后移动一步（-1）。

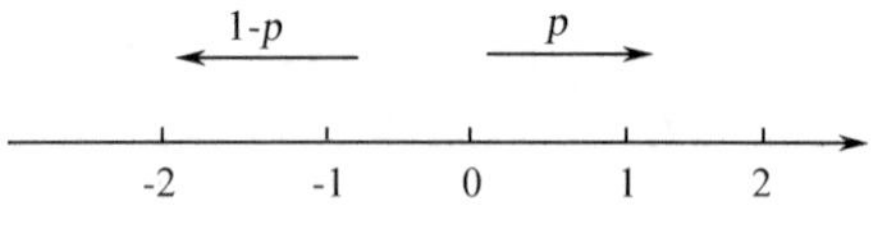

图 7－1 随机游走

因此，当 $j=0,\pm 1,\pm 2,\cdots$ 时的转移概率为

$$p_{ij}=\begin{cases} p, & 如果\ j=i+1 \\ 1-p, & 如果\ j=i-1 \\ 0, & 其他 \end{cases}$$

随机游走的一步转移概率矩阵为（其中 $q=1-p$）

$$
\boldsymbol{P}=(p_{ij})=\begin{pmatrix}
 & \cdots\cdots\cdots\cdots\cdots\cdots\cdots\cdots & \\
 & \cdots\cdots\cdots\cdots\cdots\cdots\cdots\cdots & \\
\cdots & q \quad 0 \quad p \quad 0 \quad 0 & \cdots \\
\cdots & 0 \quad q \quad 0 \quad p \quad 0 & \cdots \\
\cdots & 0 \quad 0 \quad q \quad 0 \quad p & \cdots \\
 & \cdots\cdots\cdots\cdots\cdots\cdots\cdots\cdots & \\
 & \cdots\cdots\cdots\cdots\cdots\cdots\cdots\cdots &
\end{pmatrix}
$$

7.1.2　*n* 步转移矩阵

在例 7－3 中，假设 $\alpha=0.3$，$\beta=0.4$，那么顾客购物的一步转移概率矩阵

$$
\boldsymbol{P}=\begin{matrix} \text{京东} \\ \text{天猫}\end{matrix}\overset{\begin{matrix}\text{京东} & \text{天猫}\end{matrix}}{\begin{pmatrix}0.7 & 0.3\\ 0.4 & 0.6\end{pmatrix}}
$$

表示顾客第一次购物时以概率 0.3 从京东转到天猫，以概率 0.4 从天猫转移到京东。那么顾客第二次购物时从京东转到天猫的概率是多少？这个概率由两部分组成：其一，第一次转到天猫（概率为0.3）并且第二次仍在天猫（概率为 0.6）购物，此时概率为 0.3×0.6；其二，第一次在京东（概率为 0.7）并且第二次转到天猫（概率为 0.3）购物，此时概率为 0.3×0.7。即顾客第二次购物转到天猫的概率为 $0.3\times0.6+0.3\times0.7$。同样，第二次购物时从天猫转到京东的概率是 $0.4\times0.6+0.4\times0.7$，其中 0.4×0.6 是第一次在天猫（概率为 0.6）并且第二次转到京东（概率为 0.4）购物的概率，0.4×0.7 是第一次转到京东（概率为 0.4）并且第二次仍在京东（概率为 0.7）购物的概率。

当然，也可以分析出第二次留在京东购物的概率。这也由两部分组成：其一，第一次、第二次都在京东购物（概率为 0.7）的概率为 0.7×0.7；其二，第一次转到天猫（概率为 0.3）购物并且第二次又转到京东购物（概率为 0.4）的概率为 0.3×0.4。这样第二次在京东购物的概率是 $0.7^2+0.3\times0.4$，同样，第二次在天猫购物的概率是 $0.6^2+0.3\times0.4$。以 $\boldsymbol{P}^{(2)}$ 表示二步转移概率矩阵，根据刚才的分析，则

$$
\boldsymbol{P}^{(2)}=\begin{pmatrix}0.7^2+0.3\times0.4 & 0.3\times0.7+0.3\times0.6\\ 0.4\times0.7+0.4\times0.6 & 0.6^2+0.3\times0.4\end{pmatrix}
$$

上述矩阵正是一步转移概率矩阵 $\boldsymbol{P}=\begin{pmatrix}0.7 & 0.3\\ 0.4 & 0.6\end{pmatrix}$ 的平方：

$$
\begin{aligned}
\boldsymbol{P}^2 &=\begin{pmatrix}0.7 & 0.3\\ 0.4 & 0.6\end{pmatrix}\begin{pmatrix}0.7 & 0.3\\ 0.4 & 0.6\end{pmatrix}=\begin{pmatrix}0.7^2+0.3\times0.4 & 0.3\times0.7+0.3\times0.6\\ 0.4\times0.7+0.4\times0.6 & 0.6^2+0.3\times0.4\end{pmatrix}\\
&=\begin{pmatrix}0.61 & 0.39\\ 0.52 & 0.48\end{pmatrix}
\end{aligned}
$$

所以 $\boldsymbol{P}^{(2)}=\boldsymbol{P}^2=\begin{pmatrix}0.61 & 0.39\\ 0.52 & 0.48\end{pmatrix}$。

同理，三步转移概率 $\boldsymbol{P}^{(3)}=\boldsymbol{P}^{(2)}\cdot\boldsymbol{P}=\boldsymbol{P}^2\cdot\boldsymbol{P}=\boldsymbol{P}^3$。

一般地，如果过程在状态 i 经过 n 步转移后到达状态 j 的概率为 $p_{ij}{}^{(n)}$（下面暂时省略

掉 ij 下标)，那么 n 步转移概率矩阵 $\boldsymbol{P}^{(n)}$ 满足 $\boldsymbol{P}^{(n)}=\boldsymbol{P}^n$。

7.1.3　平稳分布

继续分析例 7－3。设 $\boldsymbol{X}^{(0)}=(1,0)$，则

$$\boldsymbol{X}^{(1)}=\boldsymbol{X}^{(0)}\boldsymbol{P}=(1,0)\begin{pmatrix}0.7&0.3\\0.4&0.6\end{pmatrix}=(0.7,0.3)$$

$$\boldsymbol{X}^{(2)}=\boldsymbol{X}^{(0)}\boldsymbol{P}^2=(1,0)\begin{pmatrix}0.61&0.39\\0.52&0.48\end{pmatrix}=(0.61,0.39)$$

$$\boldsymbol{X}^{(4)}=\boldsymbol{X}^{(0)}\boldsymbol{P}^4=(1,0)\begin{pmatrix}0.5749&0.4251\\0.5668&0.4332\end{pmatrix}=(0.5749,0.4251)$$

$$\boldsymbol{X}^{(8)}=\boldsymbol{X}^{(0)}\boldsymbol{P}^8=(1,0)\begin{pmatrix}0.5715&0.4285\\0.5714&0.4286\end{pmatrix}=(0.5715,0.4285)$$

$$\boldsymbol{X}^{(16)}=\boldsymbol{X}^{(0)}\boldsymbol{P}^{16}=(1,0)\begin{pmatrix}0.5714&0.4286\\0.5714&0.4286\end{pmatrix}=(0.5714,0.4286)$$

看起来会有

$$\lim_{n\to\infty}\boldsymbol{X}^{(n)}=(0.5714,0.4286)$$

实际上，这个极限存在并独立于 $\boldsymbol{X}^{(0)}$！这意味着，从长期来看，顾客属于京东(天猫)的概率是 0.57(0.43)。

由于 $\boldsymbol{X}^{(n)}=\boldsymbol{X}^{(n-1)}\cdot\boldsymbol{P}$，若 $\lim_{n\to\infty}\boldsymbol{X}^{(n)}$ 存在，那么假设 $\lim_{n\to\infty}\boldsymbol{X}^{(n)}=\boldsymbol{\pi}$；则

$$\boldsymbol{\pi}=\lim_{n\to\infty}\boldsymbol{X}^{(n)}=\lim_{n\to\infty}\boldsymbol{X}^{(n-1)}\boldsymbol{P}=\boldsymbol{\pi P}$$

由此得到下述稳态概率分布的定义：

定义 2：向量 $\boldsymbol{\pi}=(\pi_0,\pi_1,\cdots,\pi_{k-1})$ 称为有限马尔可夫链的平稳分布，如果满足：

(1) $\pi_i\geqslant 0$，并且 $\sum_{i=0}^{k-1}\pi_i=1$；

(2) $\boldsymbol{\pi P}=\boldsymbol{\pi}$，$\sum_{i=0}^{k-1}p_{ij}\pi_i=\pi_j$，则

$$\lim_{n\to\infty}||\boldsymbol{X}^{(n)}-\boldsymbol{\pi}||=\lim_{n\to\infty}||\boldsymbol{X}^{(0)}\boldsymbol{P}^n-\boldsymbol{\pi}||=0$$

$\boldsymbol{\pi}$ 也称为稳态概率分布，$||\cdot||$ 表示向量的范数。

本书中讨论的马尔可夫链都满足存在稳态概率分布的条件。

例 7－5　求例 7－3 中的稳态概率分布 $\boldsymbol{\pi}=(\pi_0,\pi_1)$。

解：已知 $\boldsymbol{P}=\begin{pmatrix}1-\alpha&\alpha\\\beta&1-\beta\end{pmatrix}$，$\pi_0+\pi_1=1$，$\boldsymbol{\pi P}=\boldsymbol{\pi}$，所以

$$(\pi_0,\pi_1)\cdot\begin{pmatrix}1-\alpha&\alpha\\\beta&1-\beta\end{pmatrix}=(\pi_0,\pi_1)$$

得到下列线性方程组：

$$\begin{cases}(1-\alpha)\pi_0+\beta\pi_1=\pi_0\\\alpha\pi_0+(1-\beta)\pi_1=\pi_1\\\pi_0+\pi_1=1\end{cases}$$

解方程组，有

$$\pi_0=\frac{\beta}{\alpha+\beta},\quad \pi_1=\frac{\alpha}{\alpha+\beta}$$

从长期来看，京东和天猫的市场份额分别为$\frac{\beta}{\alpha+\beta},\frac{\alpha}{\alpha+\beta}$，当$\alpha=0.3,\beta=0.4$时，$\frac{\beta}{\alpha+\beta}=0.5714,\frac{\alpha}{\alpha+\beta}=0.4286$。

7.1.4　马尔可夫链注释

独立性不仅是随机事件的重要性质，同时也是随机序列的重要特性，满足独立性的随机序列就是马尔可夫链。具体地，用s_t表示t时刻的状态，对任意的t下式均成立：

$$P(s_{t+1}|s_0,s_1,\cdots,s_t)=P(s_{t+1}|s_t)$$

直观来看，s_t传递了能够影响未来状态s_{t+1}的所有历史信息，在s_t时刻，你可以看到“对于现在而言，未来依条件独立于过去”，或者说，要预测“将来”所处的状态，只要用“现在”已知的状态，而“过去”的状态$s_0,s_1,\cdots,s_{t-1}$不起任何作用，这就是无后效性。

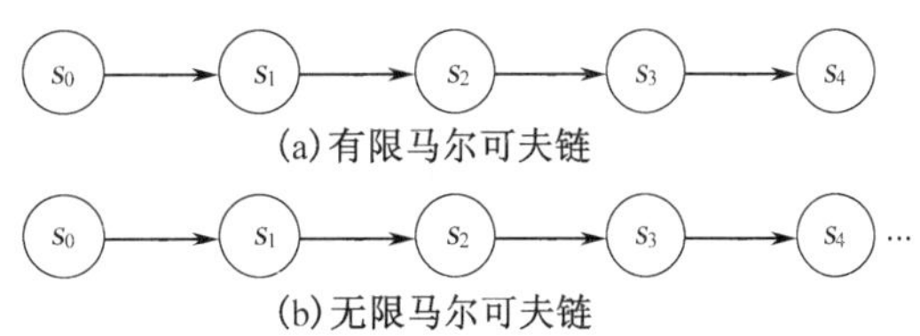

图7－2　有限、无限状态的马尔可夫链

图7－2所示为有限、无限状态的马尔可夫链。

7.2　网页排名

7.2.1　简单网页排名

网页的重要性是网页排名的基础，那么什么样的指标可以反映网页的重要性呢？这就是网页超链接的数量。一个网页超链接越多，表明越受到重视。搜索引擎大都是用超链接数来度量网页的重要性的。这样，令N为网络中网页的总数，定义超链接矩阵$\boldsymbol{Q}=(q_{ij})$为

$$q_{ij}=\begin{cases}\frac{1}{k}, & \text{如果网页 } i \text{ 是网页 } j \text{ 的超链接}\\ 0, & \text{其他}\end{cases}$$

其中k是网页i的超链接的总数。为简单起见，假设对所有$i,q_{ii}>0$，即每一个网页都有指向它自身的一个链接。这样可以把$\boldsymbol{Q}$看作一个随机游走的马尔可夫链的转移概率矩阵。

例7－6　考虑互联网中的一个简单网络，如图7－3所示，有3个网页，我们假定每个网页都有指向它自身的一个链接（图中未画出），3个网页的超链接关系为

$$1\to1,\ 1\to2,\ 1\to3$$
$$2\to1,\ 2\to2$$
$$3\to2,\ 3\to3$$

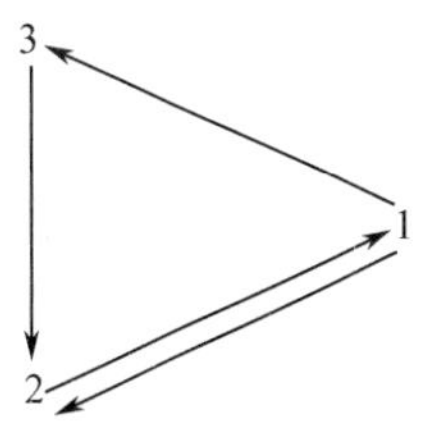

图7－3　3个网页的例子

问：网页怎样排名？

解:用马尔可夫链来表示网页之间的关系,此马尔可夫链的转移概率矩阵为

$$Q=\begin{pmatrix}\frac{1}{3} & \frac{1}{3} & \frac{1}{3}\\ \frac{1}{2} & \frac{1}{2} & 0\\ 0 & \frac{1}{2} & \frac{1}{2}\end{pmatrix}$$

假设此马尔可夫链的稳态概率分布 $\boldsymbol{P}=(p_1,p_2,p_3)$,满足 $\boldsymbol{PQ}=\boldsymbol{P}$,并且 $p_1+p_2+p_3=1$。求解简单的线性方程组:

$$\begin{cases}\frac{1}{3}p_1+\frac{1}{2}p_2=p_1\\ \frac{1}{3}p_1+\frac{1}{2}p_2+\frac{1}{2}p_3=p_2\\ \frac{1}{3}p_1+\frac{1}{2}p_3=p_3\\ p_1+p_2+p_3=1\end{cases}$$

得到唯一解

$$(p_1,p_2,p_3)=(\frac{3}{9},\frac{4}{9},\frac{2}{9})$$

所以网页的排名为:网页 2 →网页 1 → 网页 3。

参考图 7 - 3, 上述结果可作如下解释:网页 1 和 3 都指向网页 2,因此网页 2 是最重要的;网页 2 指向网页 1,但没有指向网页 3,因而网页 1 比网页 3 重要。

7.2.2 PageRank 算法

Google 成功运用 PageRank 算法脱颖而出,从一个初创公司成长为搜索巨头。假设网络有 N 个网页,$\boldsymbol{Q}$ 是它的超链接矩阵,将 $\boldsymbol{Q}$ 修正为如下矩阵 $\boldsymbol{P}$:

$$\boldsymbol{P}=\alpha\begin{pmatrix}q_{11} & q_{12} & \cdots & q_{1n}\\ q_{21} & q_{22} & \cdots & q_{2n}\\ \vdots & \vdots & & \vdots\\ q_{n1} & q_{n2} & \cdots & q_{nn}\end{pmatrix}+\frac{1-\alpha}{N}\begin{pmatrix}1 & 1 & \cdots & 1\\ 1 & 1 & \cdots & 1\\ \vdots & \vdots & & \vdots\\ 1 & 1 & \cdots & 1\end{pmatrix} \tag{7-1}$$

其中 $0\leqslant\alpha\leqslant1$,$\alpha$ 的经验数值是 0.85,即 $\alpha=0.85$。将超链接矩阵 $\boldsymbol{Q}$ 修正为矩阵 $\boldsymbol{P}$,理论上保证了矩阵 $\boldsymbol{P}$ 的稳态概率分布存在且唯一,在实践中可这样理解:将网民看成随机游走者,把网页看成马尔可夫链的状态,超链接是状态转移的路径。式(7 - 1)中 α 的含义是网民以 α 的概率利用超链接浏览网页,以$(1-\alpha)$的概率重新上网。

例 7 - 7　已知有 6 个网页的网络超链接如图 7 - 4 所示。超链接关系如下:

1→1,3,4,5

2→2,3,5,6

3→1,2,3,4,5,6

4→2,3,4,5

$5 \to 1,3,5$

$6 \to 1,6$

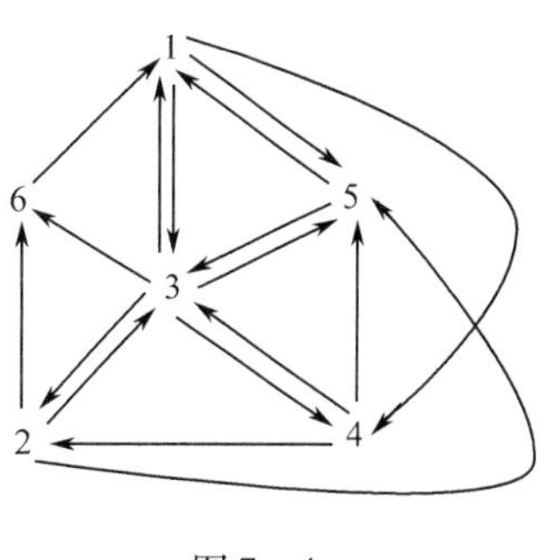

图 7－4

用 PageRank 算法将网页排名。

解： 该网络的超链接矩阵为

$$
\boldsymbol{Q} = \begin{pmatrix} \frac{1}{4} & 0 & \frac{1}{4} & \frac{1}{4} & \frac{1}{4} & 0 \\ 0 & \frac{1}{4} & \frac{1}{4} & 0 & \frac{1}{4} & \frac{1}{4} \\ \frac{1}{6} & \frac{1}{6} & \frac{1}{6} & \frac{1}{6} & \frac{1}{6} & \frac{1}{6} \\ 0 & \frac{1}{4} & \frac{1}{4} & \frac{1}{4} & \frac{1}{4} & 0 \\ \frac{1}{3} & 0 & \frac{1}{3} & 0 & \frac{1}{3} & 0 \\ \frac{1}{2} & 0 & 0 & 0 & 0 & \frac{1}{2} \end{pmatrix}
$$

假设此马尔可夫链的稳态概率分布为 $(p_1,p_2,p_3,p_4,p_5,p_6)$，那么

$$(p_1,p_2,p_3,p_4,p_5,p_6)\boldsymbol{Q} = (p_1,p_2,p_3,p_4,p_5,p_6)$$

（1）矩阵 $\boldsymbol{Q}$ 存在唯一稳态概率分布：

$$\left(\frac{40}{177},\frac{16}{177},\frac{13}{59},\frac{22}{177},\frac{13}{59},\frac{7}{59}\right)$$

即（0.2260，0.0904，0.2203，0.1243，0.2203，0.1186）。

所以网页排名为：$1>3\geqslant5>4>6>2$。

（2）取 $\alpha = 0.85$，根据式（7－1）将 $\boldsymbol{Q}$ 修正为 $\boldsymbol{P}$。

因为 $\alpha=0.85$，$N = 6$，所以 $\frac{1-\alpha}{N} = 0.025$。

$$
\boldsymbol{P} = \begin{pmatrix} 0.2375 & 0.025 & 0.2375 & 0.2375 & 0.2375 & 0.025 \\ 0.025 & 0.2375 & 0.2375 & 0.025 & 0.2375 & 0.2375 \\ 0.1667 & 0.1667 & 0.1667 & 0.1667 & 0.1667 & 0.1667 \\ 0.025 & 0.2375 & 0.2375 & 0.2375 & 0.2375 & 0.025 \\ 0.3083 & 0.025 & 0.3083 & 0.025 & 0.3083 & 0.025 \\ 0.45 & 0.025 & 0.025 & 0.025 & 0.025 & 0.45 \end{pmatrix}
$$

在此种情况下，稳态概率分布为

$$(0.2166,0.1039,0.2092,0.1278,0.2092,0.1334)$$

所以网页排名为：$1>3\geqslant5>6>4>2$。

显然，上述两种方法得到的排名顺序有所变化。

Google 创始人曾回忆当年发明 PageRank 算法的理念：“当时我们觉得整个互联网就像一张大的图，每个网站就像一个节点，而每个网页的链接就像一条弧，互联网可以用一个图或者矩阵描述。”

7.3　文本特征

7.3.1　词袋模型

词袋模型是一种常用的提取文本特征的数学模型，它将一篇文档看作一个装有若干词语的袋子。这样就仅考虑了词语在文档中出现的次数，而忽略了词语的顺序以及句子的结构。这种简化是建模所必需的，事实证明也很有效。例如：

文档 1：学校有关于人工智能的书籍，学校开设人工智能课程。

依照汉语理解习惯，我们将文档 1 拆分成词语并标记词语出现的次数，这样形成的集合{(学校:2),(有:1),(关于:1),(人工智能:2),(的:1),(书籍:1),(开设:1),(课程:1)} 就是文档 1 对应的“词袋”(bag - of - word)。

词袋模型对文档 1 进行了很大的简化，但仍保留了文档 1 的关键信息，我们通过“人工智能”“书籍”“课程”等词语仍然可以知道文档 1 与学习人工智能有关，这正是词袋模型的用处。

文档 2：学校推动教学改革，推动人工智能课程改革。

例 7 –8　写出文档 2 对应的词袋。

解：{(学校:1),(推动:2),(教学:1),(改革:2),(人工智能:1),(课程:1)}。

7.3.2　中文分词

词袋模型的基本流程如图 7 –5 所示。

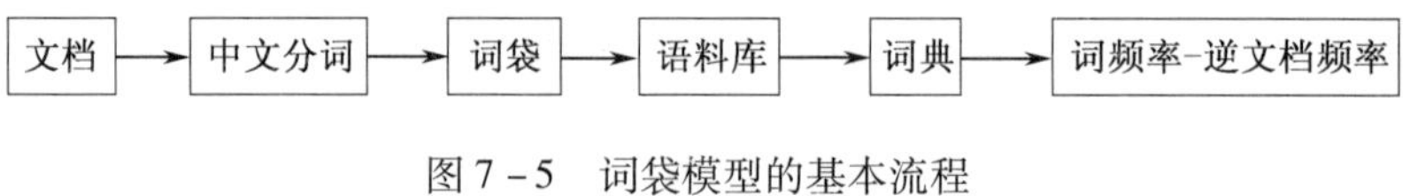

图 7 –5　词袋模型的基本流程

所以，做好词袋模型的前提是准确进行中文分词。前述对文档 1、文档 2 进行的如下分词：

文档 1：学校|有|关于|人工智能|的|书籍，|学校|开设|人工智能|课程。

文档 2：学校|推动|教学|改革|，推动|人工智能|课程|改革。

其实是我们根据自己民族的语言习惯人工进行的分词。人工智能要解决的是机器怎样进行中文分词。

工程上已经解决了机器怎样进行中文分词。怎样解决的呢？用马尔可夫链可以简单阐释。以文档 2 为例，增加文档 2 的另一种分词结果，和上述文档 2 的分词罗列如下：

文档2：学校|推动|教学|改革|，推动|人工智能|课程|改革。

A_1　A_2　A_3　A_4　A_5　A_6　A_7　A_8

学校|推动|教学改革|，推动|人工|智能|课程改革。

B_1　B_2　B_3　B_4　B_5　B_6　B_7

将文档2的两个分词序列简化为马尔可夫链，分别以 $P(A_1,A_2,\cdots,A_8)$，$P(B_1,B_2,\cdots,B_7)$ 表示两个分词结果，也就是两个马尔可夫链的概率，则

$$P(A_1,A_2,\cdots,A_8)=P(A_1)\cdot P(A_2|A_1)\cdot P(A_3|A_2)\cdot\cdots\cdot P(A_8|A_7)$$

$$P(B_1,B_2,\cdots,B_7)=P(B_1)\cdot P(B_2|B_1)\cdot P(B_3|B_2)\cdot\cdots\cdot P(B_7|B_6)$$

下面会构建语料库，机器能根据语料库自动计算上面两式右边的概率：$P(A_1)$，$P(B_1)$，$P(A_2|A_1)$，$P(B_2|B_1)$，…这样上面两式左边的 $P(A_1,A_2,\cdots,A_8)$，$P(B_1,B_2,\cdots,B_7)$ 的值就确定了。机器简单地进行如下比较：

如果 $P(A_1,A_2,\cdots,A_8)>P(B_1,B_2,\cdots,B_7)$，那么选择如下分词序列：

学校|推动|教学|改革|，推动|人工智能|课程|改革。

如果 $P(A_1,A_2,\cdots,A_8)<P(B_1,B_2,\cdots,B_7)$，那么选择如下分词序列：

学校|推动|教学改革|，推动|人工|智能|课程改革。

这是机器予以中文分词的较成功的工程技术，广泛应用于语音识别、机器翻译等。

7.3.3　语料库和词典

文档是文本文件的内容，先看单篇文档的词典，文档词典决定词频向量（term frequency vector）。有了中文分词的技术，可以形成词袋；有了词袋，可以构造包含词袋里词语的词典。像通常的字典、词典一样，词典里的词语是按顺序排列的。例如，文档2的词典为：

序号：	1	2	3	4	5	6
词语：	学校	推动	教学	改革	人工智能	课程

上述词典里的每个词语在词袋中都有标记的次数，将这个次数按照词典中词语的顺序排列起来，就得到这篇文档的词计数向量。文档2的词计数向量为(1,2,1,2,1,1)，对词计数向量进行归一化，得到词频向量 $\boldsymbol{f}$：

$$\boldsymbol{f}=\left(\frac{1}{8},\frac{1}{4},\frac{1}{8},\frac{1}{4},\frac{1}{8},\frac{1}{8}\right)$$

例7-9　文档1的词频向量 $\boldsymbol{f}=\left(\frac{1}{5},\frac{1}{10},\frac{1}{10},\frac{1}{5},\frac{1}{10},\frac{1}{10},\frac{1}{10},\frac{1}{10}\right)$。

文本处理包含像期刊、微信、网页等许多不同的种类，在实际应用中，通常将要处理的文本收集在一起做成语料库，然后提取语料库中所有出现的词语，并形成一个词典。例如，增加如下文档：

文档3：国家推动人工智能产业发展。

构建一个包含3篇文档的语料库：

文档1：学校有关于人工智能的书籍，学校开设人工智能课程。

文档2：学校推动教学改革，推动人工智能课程改革。

文档3：国家推动人工智能产业发展。

根据语料库，提取所有出现过的词语形成词典：

1	2	3	4	5	6	7	8	9	10	11	12	13	14
学校	有	关于	人工智能	的	书籍	开设	课程	推动	教学	改革	国家	产业	发展

“的”“了”“也”等这类不携带任何主题信息的高频词称为停止词，构建词典时我们通

常不去除停止词。

统计每篇文档中每个词语出现的次数,如表 7 - 1 所示。

表 7 - 1　词典中文档词语出现的次数

	学校	有	关于	人工智能	的	书籍	开设	课程	推动	改革	教学	国家	产业	发展
文档 1	2	1	1	2	1	1	1	1	0	0	0	0	0	0
文档 2	1	0	0	1	0	0	0	1	2	2	1	0	0	0
文档 3	0	0	0	1	0	0	0	0	1	0	0	1	1	1

上述统计结果即是 3 篇文档的词计数向量:

文档 1:(2,1,1,2,1,1,1,1,0,0,0,0,0,0)
文档 2:(1,0,0,1,0,0,0,1,2,2,1,0,0,0)
文档 3:(0,0,0,1,0,0,0,0,1,0,0,1,1,1)

语料库词典统一了各文档词计数向量的维数。

7.3.4　词频率与逆文档频率(TF - IDF)

前面已经计算出了文档中的词频率(TF)。词频率越大,这个词语在这篇文档中出现的次数就越多,这个词语对这篇文档的重要性就越大。在信息检索中,就是要在由大量文档形成的语料库中,查找出那些对关键词语重要的文档。词频率只包含词语的信息,未包含语料库的信息,这个包含语料库信息的指标叫逆文档频率(inverse document frequency, IDF)。

假定语料库中共有 D 篇文档,语料库形成的词典中第 i 个词语在某篇文档中出现过,计数一次。假设共有 D_i 篇文档出现了第 i 个词语,那么第 i 个词语的文档频率即为 $(\mathrm{DF})_i = D_i/D$,这个词语的逆文档频率为文档频率的负对数,即 $\mathrm{IDF}_i = -\log D_i/D$。由于 $D_i \leqslant D$,负号保证了 IDF 大于等于 0。

例 7 - 10　计算前述语料库中词语的文档频率和逆文档频率。

解:文档总数 $D=3$,在去除“的”“也”“了”之类的停止词后,3 个文档都可以表示成一个 13 维的词计数向量:

文档 1:$\boldsymbol{n}_1 = (2,1,1,2,1,1,1,0,0,0,0,0,0)$
文档 2:$\boldsymbol{n}_2 = (1,0,0,1,0,0,1,2,2,1,0,0,0)$
文档 3:$\boldsymbol{n}_3 = (0,0,0,1,0,0,0,1,0,0,1,1,1)$
词语出现次数 D_i:(2,1,1,3,1,1,2,2,1,1,1,1,1)
文档频率 D_i/D:$\left(\frac{2}{3},\frac{1}{3},\frac{1}{3},1,\frac{1}{3},\frac{1}{3},\frac{2}{3},\frac{2}{3},\frac{1}{3},\frac{1}{3},\frac{1}{3},\frac{1}{3},\frac{1}{3}\right)$

计算过程如下:

$$-\log\frac{1}{3} = \log 3 = 1.584963$$

$$-\log\frac{2}{3}=\log 3-1=0.584963$$

$$\log 1=0$$

所以所求的逆文档频率为

(0.59,1.59,1.59,0,1.59,1.59,0.59,0.59,1.59,1.59,1.59,1.59,1.59)

进一步分析发现,“人工智能”一词在3篇文档中都有出现,结果“人工智能”一词的逆文档频率为 $\log\frac{3}{3}=\log 1=0$。这说明,这个语料库最恰当的命名是“人工智能语料库”,这是一个围绕着人工智能构建的语料库。

7.3.5　文档特征

将一个词语在某篇文档中的词频率(TF)与该词语的逆文档频率相乘,就是该词语在这篇文档中的词频率－逆文档频率(TF－IDF)。词频率－逆文档频率是对词频率的一种修正。

将一篇文档词频向量中的频率值修正为词频率－逆文档频率,得到这篇文档的词频率－逆文档频率向量,它就是文档的特征。

例7－11　计算文档1、文档2、文档3的特征。

解:3篇文档的词频率向量统一维数后依次为

$$f_1=(\frac{1}{5},\frac{1}{10},\frac{1}{10},\frac{1}{5},\frac{1}{10},\frac{1}{10},\frac{1}{10},0,0,0,0,0,0)$$

$$f_2=(\frac{1}{8},0,0,\frac{1}{8},0,0,\frac{1}{8},\frac{1}{4},\frac{1}{4},\frac{1}{8},0,0,0)$$

$$f_3=(0,0,0,\frac{1}{5},0,0,0,\frac{1}{5},0,0,\frac{1}{5},\frac{1}{5},\frac{1}{5})$$

由例7－10知,这3篇文档的词频率向量对应的逆文档频率为

(0.59,1.59,1.59,0,1.59,1.59,0.59,0.59,1.59,1.59,1.59,1.59,1.59)

所以,3篇文档的文本特征依次是

$$\mathrm{TF-IDF}_1=(0.118,0.159,0.159,0,0.159,0.159,0.059,0,0,0,0,0,0)$$

$$\mathrm{TF-IDF}_2=(0.07375,0,0,0,0,0,0.07375,0.1475,0.3975,0.19875,0,0,0)$$

$$\mathrm{TF-IDF}_3=(0,0,0,0,0,0,0.118,0,0,0.318,0.318,0.318)$$

7.4　文档相似性

7.4.1　向量间的夹角

在第三章我们已经学习了两个向量的内积。设两个向量(x_1,x_2),(y_1,y_2)之间的夹角为θ(见图7－6),则$\cos\theta$可用内积表示为

$$\cos\theta=\frac{x_1y_1+x_2y_2}{\sqrt{x_1^2+x_2^2}\sqrt{y_1^2+y_2^2}}$$

若空间中两个向量(x_1,x_2,x_3)，(y_1,y_2,y_3)之间的夹角为θ，则

$$\cos\theta=\frac{x_1y_1+x_2y_2+x_3y_3}{\sqrt{x_1^2+x_2^2+x_3^2}\sqrt{y_1^2+y_2^2+y_3^2}}$$

一般地，若n维空间中两个向量$(x_1,x_2,\cdots,x_n)$，$(y_1,y_2,\cdots,y_n)$之间的夹角为θ，那么

$$\cos\theta=\frac{x_1y_1+x_2y_2+x_3y_3+\cdots+x_ny_n}{\sqrt{x_1^2+x_2^2+x_3^2+\cdots+x_n^2}\sqrt{y_1^2+y_2^2+y_3^2+\cdots+y_n^2}} \tag{7-2}$$

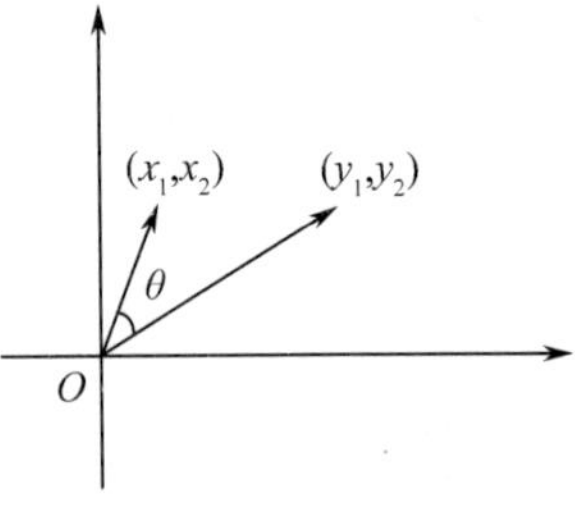

图 7-6　两个向量

显然，向量之间的夹角能衡量两个向量之间相近的程度，如图 7-7 所示。

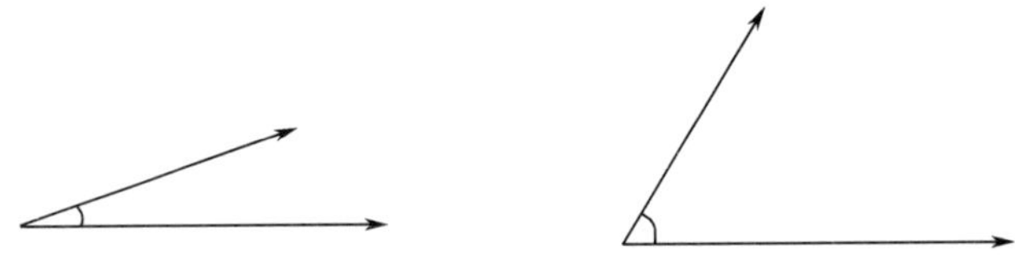
图 7-7　向量之间的夹角大小

7.4.2　余弦相似性度量法

找出两个文档之间的距离，或者以搜索引擎为例，找出文档与一个查询之间的距离，是文本处理的基本方法之一。两个文档或者文档与查询之间的距离最小，意味着它们一定是最相似的或者最相关的。文档的词频率-逆文档频率(TF-IDF)向量是文档的特征，在文本处理中，计算两个文档之间的距离经常用计算两个文档 TF-IDF 向量夹角的余弦值的方法，这称为余弦相似性度量法。文档与查询之间的距离计算也与之相同，因为查询是作为一个小文档来处理的。

两个向量夹角的余弦值按公式(7-2)计算，对两个文档的 TF-IDF 向量而言，由于 TF-IDF≥0，所以余弦值介于 0~1 之间。由三角形的基本原理可知，两个向量夹角的余弦值越大，则这两个向量代表的文档就越相似。0°角的余弦值是 1，代表文档是相同的或者非常相似。文档如果表现为正交向量，则其值接近于 0。

利用式(7-2)求余弦值，经常先进行归一化处理，即将 TF-IDF$(x_1,x_2,\cdots,x_n)$表达成如下式子：

$$\left(\frac{x_1}{\sqrt{x_1^2+x_2^2+\cdots+x_n^2}},\frac{x_2}{\sqrt{x_1^2+x_2^2+\cdots+x_n^2}},\cdots,\frac{x_n}{\sqrt{x_1^2+x_2^2+\cdots+x_n^2}}\right)$$

那么式(7-2)就成为两个单位向量$\left(\frac{x_1}{\sqrt{x_1^2+x_2^2+\cdots+x_n^2}},\frac{x_2}{\sqrt{x_1^2+x_2^2+\cdots+x_n^2}},\cdots,\frac{x_n}{\sqrt{x_1^2+x_2^2+\cdots+x_n^2}}\right)$和$\left(\frac{y_1}{\sqrt{y_1^2+y_2^2+\cdots+y_n^2}},\frac{y_2}{\sqrt{y_1^2+y_2^2+\cdots+y_n^2}},\cdots,\frac{y_n}{\sqrt{y_1^2+y_2^2+\cdots+y_n^2}}\right)$的

内积：

$$\cos\theta=\frac{x_1}{\sqrt{x_1^2+x_2^2+\cdots+x_n^2}}\cdot\frac{y_1}{\sqrt{y_1^2+y_2^2+\cdots+y_n^2}}+\frac{x_2}{\sqrt{x_1^2+x_2^2+\cdots+x_n^2}}\cdot\frac{y_2}{\sqrt{y_1^2+y_2^2+\cdots+y_n^2}}+\cdots+\frac{x_n}{\sqrt{x_1^2+x_2^2+\cdots+x_n^2}}\cdot\frac{y_n}{\sqrt{y_1^2+y_2^2+\cdots+y_n^2}}\quad(7-3)$$

例 7－12　求文档 1、文档 2、文档 3 之间的相似性。

解：用余弦相似性度量法度量三文档之间的相似性，根据例 7－11，先进行归一化处理。

$TF-IDF_1$归一化：(0.343,0.462,0.462,0,0.462,0.462,0.171,0,0,0,0,0,0)

$TF-IDF_2$归一化：(0.154,0,0,0,0,0,0.154,0.307,0.829,0.414,0,0,0)

$TF-IDF_3$归一化：(0,0,0,0,0,0,0,0.21,0,0,0.565,0.565,0.565)

利用式(7－3)可得：

文档 1、文档 2 之间的相似性：$\cos\theta = 0.079$

文档 1、文档 3 之间的相似性：$\cos\theta = 0$

文档 2、文档 3 之间的相似性：$\cos\theta = 0.064$

据此很容易将文档按余弦值，即相似度大小排序。从网上搜索的角度看，关键词是简单的文档，按关键词与不同网页的余弦相似度大小予以排序，就是我们搜索的网页顺序排名。这个简单实用的余弦相似性度量法还有下列广泛的应用：教师检查学生的作业，检查科研论文是否存在抄袭行为，比较文学研究者发现的文本之间的关系，网上书店向用户推荐书籍，生物学家发现的不同基因组之间的关系。

实验实训五　文本处理

1. 实验实训要求

(1)准备语料库，构建词语词典。

(2)计算文档特征：词频率－逆文档频率(TF－IDF)。

(3)进行基于关键词的搜索。

2. 实验实训目的

(1)理解余弦相似性距离度量。

(2)为深入学习潜在语义分析技术做准备。

实验实训报告(五)

<table>
<tr><td>姓　名</td><td></td><td>班　级</td><td></td><td>组　别</td><td></td></tr>
<tr><td>实验实训名称</td><td colspan="3"></td><td>数据集</td><td></td></tr>
<tr><td>主要步骤</td><td colspan="5"></td></tr>
<tr><td>结果分析</td><td colspan="5"></td></tr>
<tr><td>评　　价</td><td colspan="5"></td></tr>
</table>

习题七

1. 求具有双侧吸收壁 $a,b(a,b$ 是整数)的简单随机游走的概率,双侧吸收壁是指 $p_{a.a}=1, p_{b.b}=1$。

2. 求如图7－8所示网页的稳态概率分布,取 $\alpha=0.9$。(注意:本题中网页不自身链接)

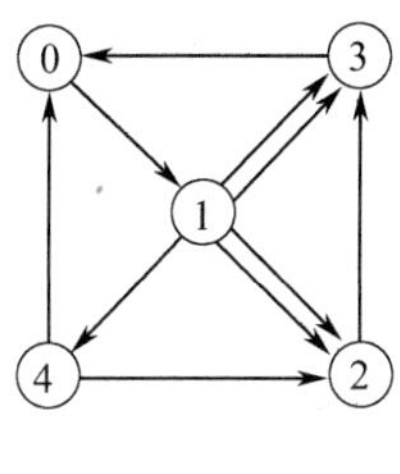

图7－8

3. 已知甲袋中有9个白球和1个黑球,乙袋中有10个白球,每次从甲、乙两袋中随机各取一球交换放入另一袋中,这样做了3次。求黑球出现在甲袋中的概率。

第八章　推理和计算

8.1　命题逻辑

8.1.1　命题和联结词

人们在日常生活中经常对宏观世界中发生的事情予以陈述，这些陈述句，除极少数模棱两可的之外，要么为真，要么为假，两者必居其一，而且也只能居其一。我们将这些或为真或为假的陈述句叫作命题。

例 8－1　下列句子中，哪些是命题，哪些不是命题？

(1)我是一名大学生。

(2)$1+1\neq2$。

(3)X 大于 Y。

(4)明天会下雨吗？

(5)任一个大于 5 的偶数都可表示成两个素数之和。

解：(1)是命题。若你是大学生，命题为真；若你不是大学生，命题为假。

(2)是命题，命题为假。

(3)不是命题。当 X,Y 取不同的值时，X 大于 Y 有时为真，有时为假，真假不确定。

(4)疑问句不是命题。

(5)是不知真假的陈述句，但“不知”不等于“不存在”，这句话要么为真，要么为假，只是还不知道而已，故也是命题。

如果一个命题是真的(假的)，就简称为真(假)命题。

在命题逻辑中，命题是研究的对象。我们用 $p,q,r\cdots$ 代表命题，也就是把命题符号化。

例 8－1 中是命题的都有一个特点：不能再分解成更简单的命题的组合了。我们把这种不能分解成更简单命题组合的命题称为原子命题。

设 p 为一个原子命题，p 要么取真值，要么取假值。p 取真值时，记为 1；p 取假值时，记为 0。这是真假值的符号化。自然，若 p 取值为 1，表示 p 代表一个真命题；若 p 取值为 0，表示 p 代表一个假命题。

例 8－2　判断下列语句是不是命题。

(1)张三没有就业。

(2)张三和李四都就业了。

(3)张三和李四有个人就业了。

(4)如果张三就业了，那么李四也能就业。

(5)张三能就业当且仅当李四也能就业。

例 8－2 中的命题都是由原子命题通过加上诸如“不是”“或者”“而且”“如果……那么……”“当且仅当”等这样一些否定词或连词得到的，这些词称为真值联结词。由真值联结词连接的命题称为复合命题。复合命题的真假完全由构成它的原子命题的真假来确定。

在命题逻辑中，常见的真值联结词共 5 个。下面将真值联结词符号化，假设 p,q 为真命题。

定义：(1) 复合命题“非 p”称为 p 的否定式，记为 $\neg p$。“$\neg$”称为否定联结词，$\neg p$ 为真当且仅当 p 为假。

真值表为：

p	$\neg p$
0	1
1	0

(2) 复合命题“p 且 q”称为 p,q 的合取式，记为 $p \wedge q$。“$\wedge$”称为合取联结词，$p \wedge q$ 为真当且仅当 p,q 同时为真。

真值表为：

p	q	$p \wedge q$
0	0	0
1	0	0
0	1	0
1	1	1

(3) 复合命题“p 或者 q”称为 p,q 的析取式，记为 $p \vee q$。“$\vee$”称为析取联结词，$p \vee q$ 为真当且仅当 p,q 中至少有一个为真。

真值表为：

p	q	$p \vee q$
0	0	0
1	0	1
0	1	1
1	1	1

(4) 复合命题“如果 p，则 q”称为 p 对 q 的蕴涵式，记为 $p \to q$。“$\to$”称为蕴涵联结词，$p \to q$ 为假当且仅当 p 真而 q 假。

真值表为：

p	q	$p \to q$
0	0	1
1	0	0
0	1	1
1	1	1

记住这个真值表的规律：当 $p=1,q=0$ 时，$p\to q$ 取 0，其余 $p\to q$ 取 1。

(5)复合命题“p 当且仅当 q”称为 p,q 的等价式，记为 $p\longleftrightarrow q$。“$\longleftrightarrow$”称为等价联结词，$p\longleftrightarrow q$ 为真当且仅当 p,q 同时为真或同时为假。

真值表为：

p	q	$p\longleftrightarrow q$
0	0	1
1	0	0
0	1	0
1	1	1

例 8-3　将例 8-2 中的命题符号化。

解：(1)$\neg p$，其中 p 代表“张三就业”。

(2)$p\wedge q$，其中 p 代表“张三就业”，q 代表“李四就业”。

(3)$p\vee q$，其中 p 代表“张三就业”，q 代表“李四就业”。

(4)$p\to q$，其中 p 代表“张三就业”，q 代表“李四就业”。

(5)$p\longleftrightarrow q$，其中 p 代表“张三就业”，q 代表“李四就业”。

利用联结词符号，可将复合命题继续复合并符号化。例如，“如果我下班早，就去逛逛书店，除非我很累。”可以符号化为：$(\neg p)\to(q\to r)$，其中 p 代表“我很累”，q 代表“我下班早”，r 代表“我去书店看看”。

8.1.2　命题形式

前面进行了 3 个符号化。一是命题的符号化：$p,q,r,\cdots$；二是联结词的符号化：$\neg,\vee,\wedge,\to,\longleftrightarrow$；三是真假值的符号化：1 和 0。由此得到命题形式和命题形式的真假值。

一个命题形式是由原子命题和联结词按以下规则组成的符号串：

(1)任何原子命题都是命题形式。

(2)如果 α 是命题形式，则 $\neg\alpha$ 也是命题形式。

(3)如果 α,β 是命题形式，则 $\alpha\vee\beta,\alpha\wedge\beta,\alpha\to\beta$ 和 $\alpha\longleftrightarrow\beta$ 都是命题形式。

(4)只有有限次地应用(1)~(3)形成的符号串才是命题形式。

例 8-4　下列符号串都是命题形式：

$$\neg p,\quad p\wedge(\neg q),\quad (p\wedge p)\to(\neg(p\vee q))$$

命题形式由原子命题组成，命题形式的真假值由其组成的原子命题的真假值完全确定。将命题形式在其原子命题所有可能取值组合下的值列成表，就是真值表。

例 8-5　计算 $(p\wedge q)\to(\neg(q\vee r))$ 的真值表。

解：真值表如表 8-1 所示。

表 8-1　真值表

p	q	r	$p\wedge q$	$q\vee r$	$\neg(q\vee r)$	$(p\wedge q)\to(\neg(q\vee r))$
0	0	0	0	0	1	1
1	0	0	0	0	1	1

（续表）

p q r	$p\wedge q$	$q\vee r$	$\neg(q\vee r)$	$(p\wedge q)\to(\neg(q\vee r))$
0 1 0	0	1	0	1
1 1 0	1	1	0	0
0 0 1	0	1	0	1
1 0 1	0	1	0	1
0 1 1	0	1	0	1
1 1 1	1	1	0	0

例 8－6 计算 $\alpha\vee\beta$ 和 $\neg\alpha\to\beta$，$\alpha\wedge\beta$ 和 $\neg(\alpha\to\neg\beta)$，$\alpha\leftrightarrow\beta$ 和 $\neg(\alpha\to\neg\beta)$ 的真值表。

解：真值表如表 8－2 所示。

表 8－2 真值表

α β	$\neg\alpha$ $\neg\beta$	$\alpha\vee\beta$	$\neg\alpha\to\beta$	$\alpha\wedge\beta$	$\neg(\alpha\to\neg\beta)$	$\alpha\leftrightarrow\beta$	$(\alpha\to\beta)\wedge(\beta\to\alpha)$
0 0	1 1	0	0	0	0	1	1
1 0	0 1	1	1	0	0	0	0
0 1	1 0	1	1	0	0	0	0
1 1	0 0	1	1	1	1	1	1

该真值表说明，用 $\neg$，$\to$ 可以表示出联结词 $\vee$，$\wedge$，$\leftrightarrow$。

8.1.3 推理形式

前面通过符号化抽象出了命题的“形式”，同样也可以抽象出推理的“形式”。此处指演绎推理。

回顾对蕴涵式 $p\to q$ 真假值的规定，我们只要求从 p 真时能推出 q 为真，而不要求前提 p 假时能得出什么结论来。同样，对一组命题形式 $\alpha_1,\alpha_2,\cdots,\alpha_n,\beta$：如果 $\alpha_1,\alpha_2,\cdots,\alpha_n$ 全真，那么 β 也真；如果 $\alpha_1,\alpha_2,\cdots,\alpha_n$ 有一个假，不论 β 是真还是假，由 $\alpha_1,\alpha_2,\cdots,\alpha_n$ 推出 β 都是一个正确的推理。我们称这样的命题推理形式是有效的。

例 8－7 讨论下列推理形式是否有效。

（1）$\alpha,\alpha\to\beta$ 推出 β 是有效的。

（2）$\alpha\to\beta,\beta\to\gamma$ 推出 $\alpha\to\gamma$ 是有效的。

（3）$\alpha,\beta\to\gamma,\alpha\to(\beta\to\gamma)$ 推出 $\alpha\to\gamma$ 不是有效的。

解：列出前提和结论的真值表（见表 8－3）。

表 8－3 真值表

α	β	γ	$\alpha\to\beta$	$\beta\to\gamma$	$\alpha\to(\beta\to\gamma)$	$\alpha\to\gamma$	
0	0	0	1	1	1	1	①
1	0	0	0	1	1	0	②
0	1	0	1	0	1	1	③

（续表）

α	β	γ	$\alpha\to\beta$	$\beta\to\gamma$	$\alpha\to(\beta\to\gamma)$	$\alpha\to\gamma$	
1	1	0	1	0	0	0	④
0	0	1	1	1	1	1	⑤
1	0	1	0	1	1	1	⑥
0	1	1	1	1	1	1	⑦
1	1	1	1	1	1	1	⑧

(1)前提 $\alpha,\alpha\to\beta$ 只在第④⑧行都取值为 1,β 也取值为 1,所以推理是有效的。

(2)前提 $\alpha\to\beta,\beta\to\gamma$ 在第①⑤⑦⑧行都取值为 1,$\alpha\to\gamma$ 也取值为 1,所以推理是有效的。

(3)前提 $\alpha,\beta\to\gamma,\alpha\to(\beta\to\gamma)$ 在第②行取值为 1,但 $\alpha\to\gamma$ 取值为 0,所以推理不是有效的。

8.1.4 命题逻辑的形式系统 P

由例 8 - 6 可知,常用的 5 个联结词可减少至¬ ,→2 个联结词;由例 8 - 7 可知,由 α,$\alpha\to\beta$ 可推出 β。在此基础上,我们建立命题逻辑的形式系统 P 如下:

(1)P 的字母表中含有:

①原子命题:$p,q,r,\cdots$

②联结词:¬ ,→。

③辅助符号:),(。

(2)P 的公式如下归结定义:

①原子命题 $p,q,r,\cdots$是公式。

②若 α 是公式,则$\neg\alpha$ 是公式。

③若 α,β 是公式,则 $\alpha\to\beta$ 是公式。

④所有公式都是有限次地应用① ~ ③得到的。

(3)P 的公理集有如下三类:

(A1)$\alpha\to(\beta\to\alpha)$。

(A2)$(\alpha\to(\beta\to\gamma))\to((\alpha\to\beta)\to(\alpha\to\gamma)$。

(A3)$((\neg\alpha)\to(\neg\beta))\to(\beta\to\alpha)$。

(4)P 的形式规则仅含一条:

分离规则(M):由 $\alpha,\alpha\to\beta$ 可得到 β。

命题逻辑的形式系统 P 是从命题逻辑中抽象出来的,可以有很多种解释,最自然的解释就是命题逻辑。这样联结词“¬”就是否定联结词,“→”就是蕴涵联结词,分离规则就是命题推理规则。推理都有前提、结论和推理规则,前提和结论都是命题。

P 中的形式推理是这样的,由 P 中公式组成一个序列 $\alpha_1,\alpha_2,\cdots,\alpha_n$,使得对每个 $i(1\leqslant i\leqslant n)$,下列两个条件之一成立:

(1)α_i 是公理。

(2)α_i 是由序列 $\alpha_1,\alpha_2,\cdots,\alpha_n$ 中 α_i 之前的某两个公式 $\alpha_j,\alpha_k(1\leqslant j,k\leqslant i-1)$ 应用分离规则(M)得到的。

此时,称 $\alpha_1,\alpha_2,\cdots,\alpha_n$ 为 α_n 的一个证明,α_n 称为 P 的一个内定理,记为 $\vdash\alpha_n$。

下列各题中,α,β,γ 都是 P 中的公式。

例 8-8　证明:$\vdash(\alpha\to\beta)\to(\alpha\to\alpha)$。

证明:

$\alpha\to(\beta\to\alpha)$　(A1)

$(\alpha\to(\beta\to\alpha))\to((\alpha\to\beta)\to(\alpha\to\alpha))$　(A2)

$(\alpha\to\beta)\to(\alpha\to\alpha)$　(M)

例 8-9　(传递律)若 $\vdash\alpha\to\beta$, $\vdash\beta\to\gamma$,则 $\vdash\alpha\to\gamma$。

证明:

$\vdash(\beta\to\gamma)\to(\alpha\to(\beta\to\gamma))$　(A1)

$\cdots$
$\vdash(\beta\to\gamma)$　} $\beta\to\gamma$ 的一个证明序列

$\vdash\alpha\to(\beta\to\gamma)$　(M)

$\vdash(\alpha\to(\beta\to\gamma))\to((\alpha\to\beta)\to(\alpha\to\gamma))$　(A2)

$\vdash(\alpha\to\beta)\to(\alpha\to\gamma)$　(M)

$\cdots$
$\vdash(\alpha\to\beta)$　} $\alpha\to\beta$ 的一个证明序列

$\vdash\alpha\to\gamma$　(M)

例 8-10　证明:$\vdash\neg\alpha\to(\alpha\to\beta))$。

证明:

$\vdash\neg\alpha\to(\neg\beta\to\neg\alpha))$　(A1)

$\vdash(\neg\beta\to\neg\alpha)\to(\alpha\to\beta)$　(A3)

$\vdash\neg\alpha\to(\alpha\to\beta)$　(例 8-9 的传递律)

P 中的内定理,就是按照上述类似的形式证明得到的。继续将 P 解释成命题逻辑,上述的证明就是命题的证明,证明过程就是命题推理。

我们知道,在命题逻辑中,原子命题取真值 1 或取假值 0,任一个命题形式都有真值表,由其原子命题唯一确定。从真值表的角度看,命题推理有什么特殊性吗?

例 8-11　求例 8-10 的真值表。

解:例 8-10 的真值表如表 8-4 所示。

表 8-4　真值表

①	②	③	④	⑤	⑥	⑦
α　β	$\neg\alpha$　$\neg\beta$	$\alpha\to\beta$	$\neg\beta\to\neg\alpha$	$\neg\alpha\to(\neg\beta\to\neg\alpha)$	$(\neg\beta\to\neg\alpha)\to(\alpha\to\beta)$	$\neg\alpha\to(\alpha\to\beta)$
0　0	1　1	1	1	1	1	1
1　0	0　1	0	0	1	1	1
0　1	1　0	1	1	1	1	1
1　1	0　0	1	1	1	1	1

表 8－4 中，⑤⑥⑦三列的真值全是 1，这样的命题形式是永真式，⑤⑥是公理 1，3，说明 P 的公理也是永真式。这不是偶然的，而是一般结论。从命题逻辑来说，P 中的公理都是永真式，P 中的内定理也是永真式，P 中内定理的推理过程就是一组永真式的有序排列。

任何一个命题形式 α，通过有限步的计算，都能得到一个真值表，据此可判断 α 是不是永真式，从而可知道 α 是不是内定理。这样 P 中的内定理就可以不像例 8－8、例 8－9、例 8－10 那样使用推理，而是像例 8－11 那样，通过计算出一个真值表就能判定出，这叫命题演算。P 中的内定理都是通过真值表可判断的，这称为命题演算的可判定性。

P 中的内定理既可以通过推理证明，也可以通过计算判定，结论完全一致。在命题逻辑（命题演算）系统中，推理可以代替计算，计算也可以代替推理，推理和计算是一回事。

8.2 谓词演算

8.2.1 谓词演算的符号化

命题演算是谓词演算的基础，谓词演算是命题演算的深入。

在命题逻辑中，原子命题是一个陈述句，谓词演算的深入表现在深入分析陈述句的结构，分析原子命题的构成成分。从语法上讲，陈述句可分为主语和谓语两部分：主语代表所讨论的对象或由某些讨论对象组成的群体；谓语表示主语所代表的对象的性质或对象群体中对象之间的关系。我们把单个对象称为个体，把表示对象的性质或对象之间关系的词称为谓词。

例 8－12 分析下列命题的个体和谓词，并符号化。

（1）π 是无理数。

（2）张三和李四同在人工智能学院。

（3）凡是有理数皆可写成分数。

（4）存在一个大于 10000 的素数。

解：（1）π 是个体，以 F 表示谓词"…是无理数"，则此命题可表示为 $F(\pi)$。

（2）"张三""李四"是个体，分别以 a，b 表示，G 代表谓词"…和…同在人工智能学院"，则此命题可表示为 $G(a,b)$。

（3）该命题中的个体是有理数集中的数，是可变的，用 x 表示，引进全称量词 $\forall$，用"$\forall x$"表示"对所有 x"，有理数集是个体变元 x 的个体域。用 Q 代表谓词"…是有理数"，F 代表谓词"…可写成分数"，此命题可符号化为 $(\forall x)(Q(x)\rightarrow F(x))$。

（4）该命题中的个体是素数集中的数，是可变的，用 x 表示，引进存在量词 $\exists$，用"$\exists x$"表示"有一个 x"，素数集是个体域。用 P 代表谓词"…是一个素数"，R 代表谓词"…大于 10000"，此命题可符号化为 $(\exists x)(P(x)\wedge R(x))$。

（3）（4）中引进的全称量词和存在量词统称为量词。

命题演算中进行了 4 个符号化：命题的符号化，联结词的符号化，真假值的符号化，推理的符号化。相应地，谓词演算至此已完成了命题的符号化，追加了量词的符号化。谓词演算的命题及其符号表达式同样有真假值，但是，它们的真假值的确定已不能用命题演算的“真值表”方法了。因为谓词演算符号表达式中有个体变元与量词,个体变元的取值是个体域的元素而不是真假值 0 或 1。谓词演算对命题演算的深入正表现在这里。

将命题拆分成个体和谓词,就会出现多个个体和多元谓词。在例 8-12 中:(1)有一个个体 π;(2)有两个个体:a,b;(3)有可列个个体:所有有理数 x。以后我们用“项”来描述个体以及复合个体。

个体变元符号 x 一般是自由出现的,但与全称量词∀、存在量词∃一起,即 $\forall x$, $\exists x$, x 就受到了量词的约束,是约束出现的。同样,公式 α 中的 x,如果公式 α 与 $\forall x$, $\exists x$ 一起,即 $\forall x\alpha$, $\exists x\alpha$, α 中的 x 也是约束出现的。不是约束出现的 x,就是自由出现了,公式的真假性与这个公式中的自由变元的取值有关。

例 8-13 下列公式中变元符号的出现是自由出现还是约束出现?

$$\exists x_1 \quad \forall x_2(F(x_1,\quad x_2)\rightarrow F(x_1,\quad x_3))$$

↑ ↑ ↑ ↑ ↑ ↑

约束 约束 约束 约束 约束 自由

在逻辑推理中,经常进行变量代换或用常量代入变量。由于公式的真假性与公式中的自由变元有关,因此为保持公式 α 的含义不变,将公式 α 中的某个变元符号代换为另一个变元符号或者项 t 时,只对 α 中的自由变元 x 予以代换。将 α 中每个自由出现的 x 都换为项 t 后得到的公式记作 $\alpha(x/t)$,称为 α 的一个例式。在 α 的例式 $\alpha(x/t)$ 中,在代入 t 的地方的变元都是自由变元,就称 t 对于 x 在 α 中自由,也称 t 对 x 在 α 中可代入。

8.2.2 谓词演算的形式系统

引进个体和谓词的符号可将原子命题符号化,由此得到的符号化公式能表示原子命题中各成分之间的关系。以这样的符号化公式为基础,进行命题间的推理,这就是谓词演算,这样谓词演算就是一个符号化了的推理系统了。

谓词演算还需要进一步形式化,构成谓词演算的形式系统。下面将命题逻辑的形式系统 P 进一步深化,构建谓词演算的形式系统 $K_{\mathscr{L}}$ 如下:

(1)符号库:

①非逻辑符号:

a. 个体常元。

b. 谓词符号 $F,G,\cdots$

②逻辑符号:

a. 个体变元符号:$x_0,x_1,x_2,\cdots$

b. 量词符号:∀。

c. 联结词符号:¬,→。

d. 辅助符号:), , ,(。

③项:

a. 个体常元和个体变元是项。

b. 项的复合是项。

(2)$K_{\mathscr{L}}$ 的公式:

①若 $t_1,t_2,\cdots,t_n$ 是项,则 $F(t_1,t_2,\cdots,t_n)$ 是原子公式。

②若 α_1,α_2 是公式,则 $\neg\alpha_1,\alpha_1\to\alpha_2$ 是公式。

③若 α 是公式,则 $\forall x\alpha$ 也是公式。

(3) $K_{\mathcal{L}}$ 的公理:

(K1) $\alpha\to(\beta\to\alpha)$。

(K2) $(\alpha\to(\beta\to\gamma))\to((\alpha\to\beta)\to(\alpha\to\gamma))$。

(K3) $(\neg\alpha\to\neg\beta)\to(\beta\to\alpha)$。

(K4) $\forall x\alpha\to\alpha(x/t)$,若 t 对 x 在 α 中自由。

(K5) $\alpha\to\forall x\alpha$,若 x 不在 α 中自由出现。

(K6) $\forall x(\alpha\to\beta)\to(\forall x\alpha\to\forall x\beta)$。

(K7)若 α 是公理,则 $\forall x\alpha$ 也是公理。

(4) $K_{\mathcal{L}}$ 的形式规则只有一条:

分离规则(M):由 α 及 $\alpha\to\beta$ 可得到 β。

定理:(1)设 α 是命题逻辑形式系统 P 的一个内定理,α' 是 α 在 $K_{\mathcal{L}}$ 中的一个代入实例,则 $\vdash\alpha'$,称 α' 是由命题永真式得到的公式。

(2)若 $\vdash\alpha$,则 $\vdash\forall x\alpha$。

(证明略)

例 8-14 设项 t 对个体变元符号 x 在 α 中自由,则 $\vdash\alpha(x/t)\to\exists x\alpha$。

证明:因为 $(\neg\alpha)(x/t)=\neg(\alpha(x/t))$,从而

$\vdash\forall x(\neg\alpha)\to(\neg\alpha)(x/t)$ (K4)

$\vdash\forall x(\neg\alpha)\to\neg(\alpha(x/t))$

$\vdash(\forall x(\neg\alpha)\to\neg(\alpha(x/t)))\to(\alpha(x/t)\to\neg\forall x(\neg\alpha))$ (命题永真式)

$\vdash\alpha(x/t)\to\neg\forall x(\neg\alpha)$ (M)

即 $\vdash\alpha(x/t)\to\exists x\alpha$

这个例子可视为"$\exists$"符号的引入:$(\exists x)\alpha$ 为 $\neg(\forall x(\neg\alpha))$ 的简写。

例 8-15 若 $\vdash\alpha\to\beta$,则 $\vdash\forall x\alpha\to\forall x\beta$。

证明:

$\vdash\alpha\to\beta$

$\vdash\forall x(\alpha\to\beta)$ (定理(2))

$\vdash\forall x(\alpha\to\beta)\to(\forall x\alpha\to\forall x\beta)$ (K6)

$\vdash\forall x\alpha\to\forall x\beta$ (M)

在形式系统 $K_{\mathcal{L}}$ 中,使用的形式语言是所谓的"一阶语言"。"一阶"的含义是:在一阶语言的解释中,个体变元符号只能取个体域中的元素,而不能取个体域的子集,从而量词"$\forall x$"等只能谈及个体域中元素的性质。若变元符号可取个体域的子集,便属于所谓的"二阶逻辑"的范畴了。

谓词演算已经符号化了,为什么还要像 $K_{\mathcal{L}}$ 这样形式化呢?符号化是为了消除自然语言之间的歧义,它将自然语言转化为符号语言;形式化是为了消除符号公式推理间的矛盾,它将符号语言进一步转化为形式语言。形式语言无歧义、无含义、无矛盾,可以作为机器的语言使用,所以又称为"对象语言"。机器能自动运用形式语言进行对象的

推理。

形式系统的性质又分为“语法”和“语义”两部分。语法是关于形式系统的构成法则，如 $K_{\mathcal{L}}$ 的符号库、公式、公理和形式规则。语义是关于形式系统的解释和意思，形式语言本身没有含义，人类可以通过解释获得语义。形式语言也可能有各种不同的解释，这些解释都是这个形式语言的语义。

在命题逻辑中，对任一公式 α，通过有限步计算就可知道，α 是否为内定理，命题演算是可判定的，推理和计算没有区别。在谓词演算中，对任一一阶公式 α，能否在有限步内判断出这个一阶公式是否为内定理呢？答案是否定的，谓词演算是不可判定的，但如果输入的公式 α 是一个内定理，谓词演算则可以在有限步内判断出 α 是内定理。因而一阶谓词演算是半可判定的，即存在一个算法，使得若输入一个是内定理的公式，此算法输出“是”，机器停机；但若输入的是一个不是内定理的公式，此算法不一定能有输出，即机器不一定能停机。所以在谓词演算中，推理和计算还是有差别的。谓词演算中的这个计算是人类目前所知的最通用的计算，能进行这个计算停机或不停机的机器是人类目前所知的最通用的机器，即通用图灵机。

8.2.3　知识库

我们用谓词演算表示图 8－1 所示的用电环境。

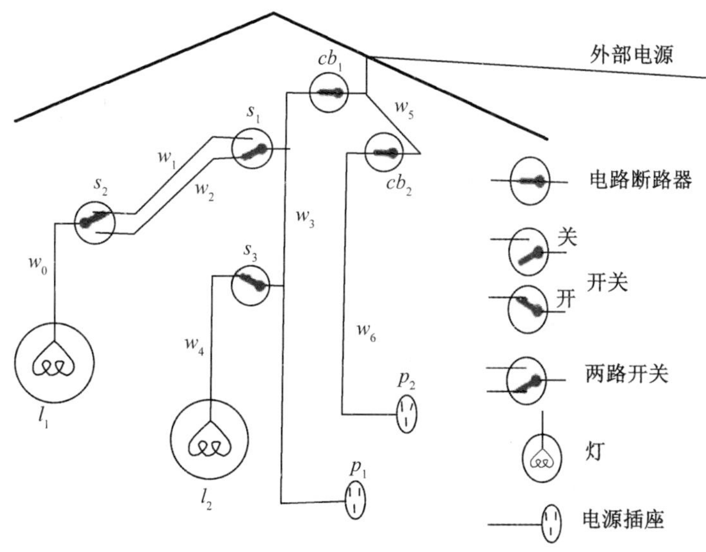

图 8－1　用电环境

（1）个体：

①开关：$s_1, s_2, s_3, cb_1, cb_2$。

②电灯：l_1, l_2。

③插座：p_1, p_2。

④电线：$w_0, w_1, w_2, w_3, w_4, w_5, w_6$。

(2)谓词关系和与之关联的特定的解释:

①light(L)为真,如果 L 是一盏电灯。

②lit(L)为真,如果电灯 L 开着并正在发光

③live(W)为真,如果电线 W 是通电的。

④up(S)为真,如果开关 S 是闭合的。

⑤down(S)为真,如果开关 S 是断开的。

⑥ok(E)为真,如果 E 没有故障,E 可以是断路开关,也可以是电灯。

⑦connected_to(X,Y)为真,如果元件 X 与元件 Y 是连接的,从而电流能从 Y 流到 X。

(3)规则表示:

①light(L) ∧ live(L) ∧ ok(L)→lit(L)。

②connected_to(X,Y) ∧ live(Y)→live(X)。

③live(outside),outside 指外部电源通电。

(4)特定用电环境的事实表示:

①light(l_1)。

②light(l_2)。

③down(s_1)。

④up(s_2)。

⑤up(s_2)→connected_to(w_0,w_1)。

⑥down(s_2)→connected_to(w_0,w_2)。

⑦up(s_1)→connected_to(w_1,w_3)。

这样就设计好了关于这个房屋用电系统的知识库,计算机可以回答有关诊断该房屋用电故障等情况的问题。

8.3 机器学习

推理和计算是人工智能的两大基石,如果说命题逻辑、谓词演算是从推理到计算的话,那么计算通过各种模型到预测、推理的方法,几乎成了当今人工智能的主流技术,集中表现在机器学习上。

8.3.1 机器学习过程

机器学习是通过编程使得计算机可以基于先前的经验优化出一个函数。提供经验数据给计算机,让它构建一个可以对真实世界中遇到的未知数据进行预测的模型函数。计算机可以基于参数和提供的经验数据构建这样的函数,并可以随着经验数据的增加或者数据特征的变化而不断演进。在后期环节,这个模型函数会被应用到未知的数据上,并基于模型函数预测输出。用于学习这个模型函数的经验数据称为训练数据(training data)。

(1)下面是几种机器学习的算法。

①监督学习(supervised learning):提供给监督学习的训练数据是打了标签的。训练数据集中的每个数据点都是一对对象:原始的数据点所表示的状态(通常以向量形式表示

的值)和此状态对应的一个期望值。熟悉这个领域数据的专家标注这个状态对应的期望值,并把这个期望值称为标签(label)或者监督符号。这种算法在训练数据集上执行,并由此推导出一个数学函数。这个函数尽可能地通用化,被称为模型(model)。当这些函数被应用于任何未知的数据时,都会得到一个输出值。这个模型在预测上的准确率决定了它有多强的能力。

②非监督学习(unsupervised learning):提供给非监督学习算法的训练数据是没有打标签的。这就要求学习算法能够学习到数据中蕴涵的结构信息。聚类(clustering)是非监督学习方法的一个例子,它将没有标签的数据基于不同数据点之间的距离来分组。

③半监督学习(semi - supervised learning):它将少数带有标签的数据点混合到没有标签的经验数据中,因此是一种混合监督学习和非监督学习的算法。

(2)机器学习的过程(见图 8 - 2)主要包括以下几个步骤:

①机器学习的第一步是明确要解决的问题以及对于这个问题已有的训练数据由什么组成。这需要指明测试数据点的粒度应该多大以及数据点的数量应为多少。该问题领域的专家对于决定测试数据的粒度和大小是非常有帮助的。

②一旦问题确定,下一步就是从实际中收集训练数据。在监督学习的情况下,收集的数据可能需要专家打标签。打标签的训练数据的最优大小是决定这个模型函数准确率的最关键因素。通常,通过专家给训练数据打标签非常昂贵,且需要恰当的计划安排。同时,由于手动不可能对很大规模的数据点完成打标签。因此,半监督学习技术变得越来越受欢迎。

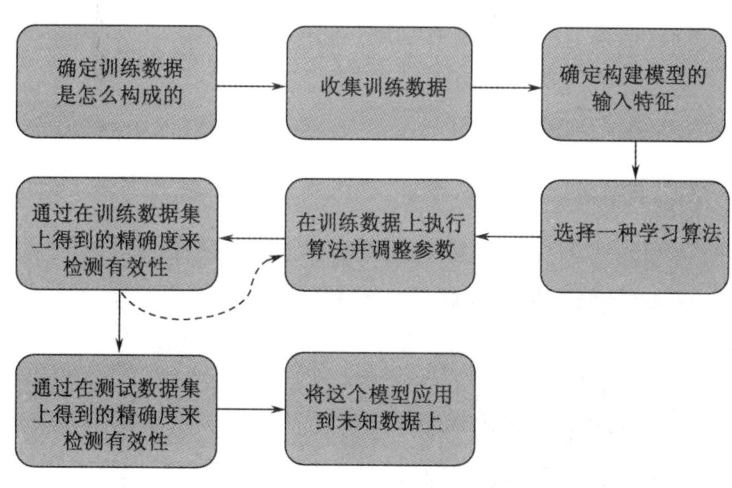

图 8 - 2　机器学习的过程

③训练数据点现在需要解析成一组特征集。这种对数据点进行特征化的操作能够准确表达数据收集时的原始状态。选择正确的特征集是获得好的模型函数的关键。过多的特征会使处理变得非常缓慢,而过少的特征会导致准确率降低。

④下一步是选择一种好的学习算法来学习这个函数。这往往需要根据问题本身的特点,从众多的算法中进行挑选。分类(classification)这种算法输出的模型函数能够决定某

个特定的数据点属于哪种类别;聚类算法将一个数据集基于距离的度量分成很多个组。

⑤当选好合适的算法后,就给予它训练数据和参数。学习算法的输出是一个模型函数。学习参数可以用来调整这个模型函数的特征。例如,正则化(regularization)参数用于使模型函数具有一般形式,以解决过度拟合(overfitting)的问题。在聚类的场景中,一个参数能决定这个学习算法输出的聚类数量。

⑥验证(validation)是机器学习工作流程中最为重要的步骤之一,它能够确定学习模型的优势和劣势。可以使用学习到的模型函数在随机选择的训练数据子集上进行验证。在监督学习的场景中,由于我们事先知道数据的标签,因此能够很容易计算学习到的模型的准确率。如果发现学习模型的准确率较低,可以回到第(4)或第(5)步,通过修改算法或者调整参数来获得更好的模型函数。

⑦接下来用验证后的机器学习模型对测试数据集进行预测。这也是一些打了标签的数据集,但是不在训练数据里面。可以通过这个数据集确定操作参数和模型特征,然后用这些操作参数去预测真实世界中的未知数据。

⑧最后一步是部署和操作学习到的模型,以使其能够按照第(7)步得到的参数运行。未知的数据会提供给学习模型,并要求其给出预测的结果。这个预测的结果可以用于商业决策。

⑨学习到的模型可以周期性地使用新获取的知识或者用户和利益相关者的反馈来不断更新。收集新的训练数据,然后重复步骤(1)~(8),从而更新模型。

8.3.2 模型优化

机器根据数据样本学习训练出模型,模型参数由数据样本求得,因而上述机器学习求解参数模型可简化为如下三个主要步骤:

(1)设置包含参数的模型(数学公式)。

(2)设定评价参数的标准。

(3)确定获得最优评价的参数。

前面几章的模型都是按上述步骤求解的,并用损失函数 $L(Y,f(X))$ 作为设定评价参数的标准。损失函数值越小,模型就越好,学习的目标就是选择期望损失(也叫“期望风险”)最小的模型。一旦设置了模型 f, f 关于训练数据集的平均损失为

$$\frac{1}{N}\sum_{i=1}^{N}L(y_i, f(x_i))$$

这称为经验风险。根据大数定律,当样本容量 N 趋于无穷时,经验风险趋于期望风险。问题是:现实中训练样本的数目有限,甚至很小,经验风险最小化的学习常常产生“过拟合”现象,效果不理想,需要对经验风险进行一定的矫正,就是加上正则化项。

模型选择的基本原则是:在所有可能选择的模型中,能够很好地解释已知数据并且十分简单才是最好的模型,也就是应该选择的模型,这与最大熵原理一致。模型选择的典型方法是正则化。在经验风险上加上表示模型复杂度的正则化项或罚项叫作结构风险,结构风险小意味着经验风险与模型复杂度同时小,结构风险小的模型往往有较强的泛化能力(generalization ability)。实践表明,这样选择的模型效果较好。

习题八

1. 求真值表：

(1)$((\neg p)\vee q)\to r$。　　(2)$(p\wedge(\neg q))\vee r$。

2. 讨论推理形式 $\alpha\vee\beta$ 和 $\neg\alpha$，推出 β 是否有效。

3. 设数据集为

x	2	2.4	3	3.6	4
y	4	4.6	5.8	6.4	6.8

训练模型 $y=\alpha+\beta x$，其中损失函数为：

(1)0-1 损失函数 $L(Y,f(Z))=\begin{cases}1, & Y\neq f(Z)\\ 0, & Y=f(Z)\end{cases}$。

(2)最小二乘法：$L(Y,f(X))=(F-f(Z))^2$。

第九章　强化学习

9.1　博弈基础

9.1.1　囚徒困境

囚徒困境博弈是用英美司法制度描述的，结论深刻，广为人知，是个经典案例。

囚徒困境博弈是这样的：两个犯罪嫌疑人合伙作案，但警察却缺乏足够的证据指证他们所犯罪行。将两个罪犯分别关押，并给他们同样的选择机会：如果两人都坦白认罪，且证据充分，将各被判3年监禁；如果两人中有一人坦白认罪，另一人拒不坦白认罪，那么坦白者从宽，立即释放，另一人抗拒从严，重判5年监禁；当然，如果两人都拒不认罪，因证据不足，两人将各被判1年监禁。

如果分别用 -1，-3，-5 表示犯罪嫌疑人被判1年、3年、5年监禁，用0表示立即释放，那么囚徒困境博弈可用图9-1所示的特殊矩阵来表示，矩阵中的4个数字对(-3，-3)，(0，-5)，(-5，0)，(-1，-1)中，每对前面的数字表示囚徒1的回报(reward)，每对后面的数字表示囚徒2的回报。这种矩阵是表示博弈问题的一种常用方法，我们称之为一个博弈的"回报矩阵"。

囚徒2

		坦白	不坦白
囚徒1	坦白	-3，-3	0，-5
	不坦白	-5，0	-1，-1

图9-1　囚徒困境博弈矩阵

在图9-1中，"囚徒1""囚徒2"两个罪犯代表本博弈中的两个博弈方，他们各自都有"坦白""不坦白"两种可选的策略。囚徒1选择"坦白"策略，囚徒2也选择"坦白"策略，对应图9-1中的(-3，-3)，表示双方的回报都是-3；囚徒1选择"坦白"策略，囚徒2选择"不坦白"策略，对应图9-1中的(0，-5)，囚徒1的回报是0，囚徒2的回报是-5；同样，囚徒1选择"不坦白"策略，囚徒2选择"坦白"策略，对应图9-1中的(-5，0)，囚徒1的回报是-5，囚徒2的回报是0；囚徒1选择"不坦白"策略，囚徒2也选择"不坦白"策略，对应图9-1中的(-1，-1)，双方的回报都是-1。显然，博弈方的回报是由博弈双方的策略决定的，既取决于自己的策略，同时也取决于对手的策略。

强化学习的目标就是回报最大化。下面接着分析博弈双方采取何种策略才能实现回报最大化。

对囚徒 1 来说,囚徒 2 有“坦白”“不坦白”两种策略的选择。首先假设囚徒 2 选择“不坦白”策略,那么囚徒 1 会发现,自己选择“不坦白”策略的回报是 -1,选择“坦白”策略的回报是 0,按照回报最大化,此时囚徒 1 会选择“坦白”策略。再假设囚徒 2 选择“坦白”策略,那么囚徒 1 会发现,自己选择“不坦白”策略的回报是 -5,选择“坦白”策略的回报为 -3,按照回报最大化,此时囚徒 1 仍会选择“坦白”策略。综合上述两种情况,囚徒 1 总会选择“坦白”策略。即在本博弈中,无论囚徒 2 采用什么策略,按照回报最大化行事的囚徒 1,总会选择“坦白”策略。

同样,根据囚徒 1 与囚徒 2 的对称性,或者进行同样的分析,囚徒 2 也会选择“坦白”策略。

在这个博弈中,两个博弈方各有“坦白”“不坦白”两种策略,共有 4 个策略组合:(坦白,坦白),(坦白,不坦白),(不坦白,坦白),(不坦白,不坦白)。以 R_1,R_2 表示不同策略组合时囚徒 1、囚徒 2 的回报。根据图 9 -1,简单记作

$$(R_1,R_2)(\text{坦白,坦白})=(-3,-3)$$

意思是双方都选择“坦白”策略时:

$$R_1(\text{坦白,坦白})=-3,\quad R_2(\text{坦白,坦白})=-3$$

下面同此。

$$(R_1,R_2)(\text{坦白,不坦白})=(0,-5)$$

$$(R_1,R_2)(\text{不坦白,坦白})=(-5,0)$$

$$(R_1,R_2)(\text{不坦白,不坦白})=(-1,-1)$$

显然:

$$R_1(\text{坦白,坦白})\geqslant R_1(\text{坦白,坦白}) \tag{9-1}$$

$$R_1(\text{坦白,坦白})\geqslant R_1(\text{不坦白,坦白}) \tag{9-2}$$

$$R_2(\text{坦白,坦白})\geqslant R_2(\text{坦白,坦白}) \tag{9-3}$$

$$R_2(\text{坦白,坦白})\geqslant R_2(\text{坦白,不坦白}) \tag{9-4}$$

从这 4 个式子左边看,只是对(坦白,坦白)这一个策略组合而言的。式(9 -1)、式(9 -2)的意思是:当囚徒 2 选择“坦白”策略时,囚徒 1 的最优策略是“坦白”。式(9 -3)、式(9 -4)的意思是:当囚徒 1 选择“坦白”策略时,囚徒 2 的最优策略也是“坦白”。同时满足式(9 -1)、式(9 -2)、式(9 -3)、式(9 -4)的策略组合(坦白,坦白)叫作该博弈的纳什均衡(Nash equilibrium)。

容易验证,或者根据图 9 -1 直接分析,其余 3 个策略组合(坦白,不坦白),(不坦白,坦白),(不坦白,不坦白)都不是纳什均衡。

纳什均衡是稳定的,给定策略组合(坦白,坦白)这个纳什均衡,任何一方都没有动机采用其他策略,偏离这个均衡。比如,假设囚徒 1 改变策略,选择“不坦白”策略,它的回报是 -5 而不是纳什均衡的 -3,回报变差了。

策略组合(不坦白,不坦白)不是纳什均衡,因为给定囚徒 2 选择“不坦白”策略时,囚徒 1“不坦白”的回报是 -1,“坦白”的回报是 0,因此囚徒 1 此时会选择“坦白”策略最大

化自己的回报,也就是当囚徒 2 选择“不坦白”策略时,囚徒 1 的最优策略是“坦白”。

9.1.2　猜硬币博弈

猜硬币游戏非常简单,两人通过猜硬币的正反面赌输赢,一人用手盖住硬币,另一人猜是正面向上还是反面向上。若猜对,猜者赢 1 元,盖硬币者输 1 元;若猜错,猜者输 1 元,盖硬币者赢 1 元。如果赢 1 元视为回报 1,输 1 元视为回报 -1,那么可用图9 -2 所示的回报矩阵表示这个猜硬币博弈问题。

该博弈的两个博弈方分别是“盖硬币方”和“猜硬币方”,他们各有“正面”和“反面”两种可选择的策略;矩阵中的数组元素(-1,1),(1, -1),(1, -1),(-1,1)表示所处行列对应的两个博弈方的策略组合下双方各自的回报,其中前一个数字表示盖硬币方的回报,后一个数字表示猜硬币方的回报。

猜硬币方

		正面	反面
盖硬币方	正面	-1,1	1, -1
	反面	1, -1	-1,1

图 9 -2　猜硬币博弈矩阵

猜硬币博弈是一个零和博弈,双方无论采用哪个策略组合,结果都是一方赢,另一方输,而输的一方又总是可以通过单独改变策略而反输为赢。这就要求,博弈的任何一方,自己的策略选择不能预先被另一方知道或猜测到,于是盖硬币者总是随机地出“正面”或者“反面”,猜硬币者也总是随机地猜“正面”或者“反面”,这正是我们在猜硬币游戏中见到的场景。

这样盖硬币方以概率 P_1,$(1-P_1)$ 随机地在其 2 个可选策略“正面”,“反面”中选择的“策略”,称为盖硬币方的一个“混合策略”(mixed strategy);同样,猜硬币方以概率 P_2,$(1-P_2)$ 随机地在其 2 个可选策略“正面”,“反面”中选择的“策略”,也是猜硬币方的一个“混合策略”。其中 $0 \leqslant P_1, P_2 \leqslant 1$。

在囚徒困境博弈中,博弈方选择的“坦白”“不坦白”策略可称为“纯策略”(pure strategy)。其实纯策略是混合策略的特例,纯策略是选择相应纯策略的概率为 1,选择其余纯策略的概率为 0 的混合策略。在囚徒困境博弈中,有针对“纯策略”的纳什均衡(坦白,坦白)策略组合;在猜硬币博弈中,也有一个针对“混合策略”的纳什均衡,叫作混合策略纳什均衡。下面分析这个混合策略组合。

猜硬币博弈的双方总是以某种概率 P 随机地选择“正面”或“反面”策略,也就是采取混合策略。在多次重复的过程中,博弈方一定要避免自己的选择带有规律性。因为一旦自己的选择有某种规律性并被对手发觉,则对手就可以根据这种规律性预先猜到你的选择,从而选择有针对性的策略轻易战胜你。博弈双方总是让自己的行为都遵循最大熵原理,这样对手就无机可乘。因此,博弈的任何一方都是以相同的概率随机地选择“正面”

或“反面”，即取 $P=1-P=\frac{1}{2}$。

无论猜硬币方采用何种混合策略，盖硬币方总是以$\frac{1}{2}$的概率随机地选择“正面”或“反面”的混合策略；同理，无论盖硬币方采用何种混合策略，猜硬币方总是以$\frac{1}{2}$的概率随机地选择“正面”或“反面”的混合策略。因此，博弈双方都以$(\frac{1}{2},\frac{1}{2})$的概率分布随机地选择“正面”或“反面”的混合策略组合，就是这个博弈的一个混合策略纳什均衡，而且是这个博弈唯一的混合策略纳什均衡。

9.1.3　混合策略纳什均衡

求图 9－3 所示博弈的混合策略纳什均衡，图中，数组元素中的前一个数字表示博弈方 1 的回报，后一个数字表示博弈方 2 的回报。先看博弈方 1，它有“向上”“向下”两个行动。博弈方 1“向上”行动，博弈方 2 一定“向左”行动，最大回报是 5；博弈方 1“向下”行动，博弈方 2 一定“向右”行动，最大回报是 3。博弈方 1 的策略是以某种概率 P_1 随机地选择“向上”或者“向下”，避免让对方知道或猜到自己的选择。假设博弈方 1 以概率 P_1 选择“向上”，那么它就以概率$(1-P_1)$选择“向下”，此时，博弈方 2 选择“向左”的期望回报是 $5P_1+2(1-P_1)=3P_1+2$，博弈方 2 选择“向右”的期望回报是 $P_1+3(1-P_1)=3-2P_1$。博弈方 1 的策略就是确定概率 P_1，使对方无机可乘，使对方无法通过有针对性地选择“向左”或“向右”行动而在博弈中占上风，即博弈方 1 的策略就是使博弈方 2“向左”的期望回报等于“向右”的期望回报，即

$$3P_1+2=3-2P_1 \Rightarrow P_1=0.2$$

所以博弈方 1 采用的混合策略是(0.2,0.8)。

博弈方 2

		向左	向右
博弈方 1	向上	1,5	3,1
	向下	5,2	2,3

图 9－3　博弈矩阵

再看博弈方 2，它有“向左”“向右”两个行动。博弈方 2“向左”行动，博弈方 1 一定“向下”行动，最大回报是 5；博弈方 2“向右”行动，博弈方 1 一定“向上”行动，最大回报是 3。博弈方 2 的策略是以某种概率 P 随机地选择“向左”或者“向右”，避免让对方知道或者猜到自己的选择。假设博弈方 2 以概率 P 选择“向左”，那么它就以概率$(1-P)$选择“向右”。此时，博弈方 1 选择“向上”的期望回报是 $P+3\cdot(1-P)=3-2P$，博弈方 1 选择“向下”的期望回报是 $5P+2\cdot(1-P)=2+3P$。博弈方 2 的策略就是确定 P，使博弈方 1 选择“向上”和“向下”的期望回报相等，从而让博弈方 1 无法根据博弈方 2 的策略占上风，即

$$3-2P=2+3P\Rightarrow P=0.2$$

所以博弈方2的混合策略是(0.2,0.8)。

当博弈方1以(0.2,0.8)的概率随机地选择“向上”或“向下”,博弈方2以(0.2,0.8)的概率随机地选择“向左”或“向右”时,由于博弈双方谁都无法通过单独改变自己随机选择的概率改善自己的期望回报,因此这个混合策略组合是稳定的,它就是本博弈唯一的混合策略纳什均衡。

本例与囚徒困境博弈比较,囚徒困境博弈有纯策略纳什均衡,博弈方的策略与行动是相同的,本例中只有混合策略纳什均衡,博弈方的混合策略(0.2,0.8)与博弈方的行动“向上”“向下”“向左”“向右”是不相同的,策略与行动区分开了。

9.2 单步强化学习

9.2.1 马尔可夫性质、马尔可夫过程、马尔可夫链回顾

马尔可夫性质是指系统的下一个状态 s_{t+1} 仅与当前状态 s_t 有关,而与以前的状态无关,即状态 s_t 是马尔可夫的,当且仅当 $P(s_{t+1}|s_t)=P(s_{t+1}|s_1,s_2,\cdots,s_t)$。当前状态 s_t 其实蕴含了所有相关的历史信息 $s_1,s_2,\cdots,s_t$,一旦当前状态已知,历史信息将会被抛弃。

马尔可夫性质描述的是每个状态的性质,如果随机变量序列中的每个状态都是马尔可夫的,则称此随机过程为马尔可夫过程。这样马尔可夫过程是一个二元组$(S,\boldsymbol{P})$,且满足 S 是有限状态集合,$\boldsymbol{P}$ 是状态转移概率矩阵,可表示为

$$\begin{pmatrix} p_{00} & p_{01} & p_{02} & \cdots \\ p_{10} & p_{11} & p_{12} & \cdots \\ \vdots & \vdots & \vdots & \cdots \end{pmatrix}$$

系统的状态序列构成马尔可夫链。当给定状态转移概率时,从某个状态出发存在多条马尔可夫链,所以每条马尔可夫链都是马尔可夫过程的一个具体实现。将马尔可夫过程和博弈过程结合,那么博弈过程中的行动(策略)和回报就融入马尔可夫过程之中了。考虑到动作(策略)和回报的马尔可夫过程就称为马尔可夫决策过程。

强化学习的目标是给定一个马尔可夫决策过程,寻找最优策略。这里的策略就是上节博弈中提到的策略:纯策略是每个状态指定一个确定的行动,混合策略是每个状态指定一个行动的概率。

9.2.2 智能体

如同博弈双方总是根据对手的策略和行动而采取有利于自己的策略和行动一样,强化学习是学习状态和行为之间一系列的对应关系,以使得数值回报达到最大化。在不知道采取什么行动的情况下,学习者必须通过不断尝试才能发现采取哪种行动能够产生最大回报。这些行动不仅会影响直接回报,还会影响到下一个状态以及后续所有的回报。强化学习是从交互中进行学习的,学习者必须能够从自身经验中进行学习,这与监督学习明显不同。

强化学习是机器学习的一种，学习者是一台机器。为了表述方便，我们将博弈的一方学习者简称为智能体(Agent)，将博弈的另一方简称为环境。可以这样认为，强化学习就是智能体在与大自然博弈中习得的生存经验。

假设一个离散时间序列 $t=0,1,2,3,\cdots$ 在每一时刻 t，智能体从环境中接收一个状态 s_t。假设 a_t 表示智能体在时刻 t 所采取的行动。在下一时刻，智能体根据策略采取行动 a_t，然后接收数值回报 r_{t+1} 并移动到状态 s_{t+1}，如图 9-4 所示。强化学习方法具体反映了智能体如何根据其经验改变策略，使得在长期运行过程中得到的回报总量达到最大化。

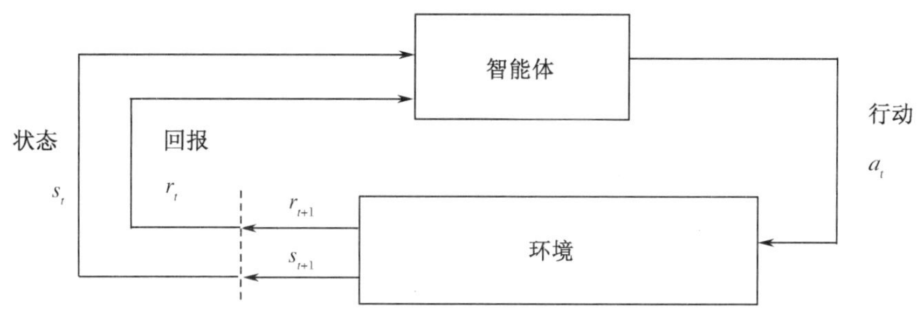

图 9-4 智能体-环境交互过程图

9.2.3 *K*-摇臂老虎机

强化学习任务的最终回报是在多步动作之后才能观察到的。这里不妨先考虑比较简单的情形——最大化单步回报，即仅考虑一步操作。这样的单步强化学习任务对应的理论模型即"*K*-摇臂老虎机"(见图 9-5)。*K*-摇臂老虎机有 *K* 个摇臂，玩家在投入一枚代币后可选择按下其中一个摇臂，每个摇臂以一定的概率吐出代币，但玩家不知道这个概率。玩家的目标是通过一定的策略最大化自己的回报，即获得最多的代币。

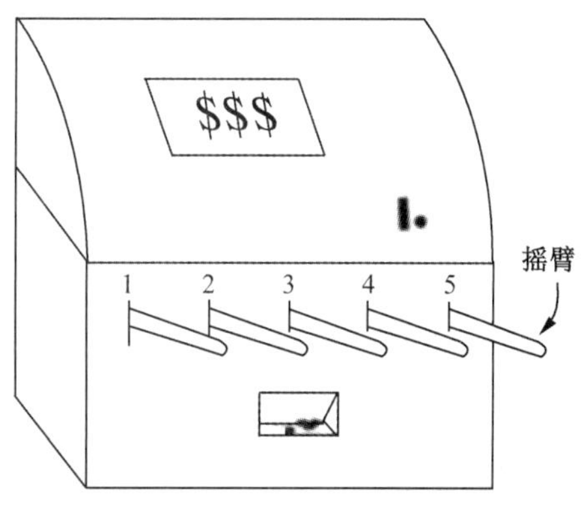

图 9-5 *K*-摇臂老虎机

若仅为获知每个摇臂的期望回报，则可采用"仅探索"(exploration-only)法：将所有的尝试机会平均分配给每个摇臂(即轮流按下每个摇臂)，最后以每个摇臂各自的平均吐币概率作为期望回报的近似估计；若仅为执行回报最大的动作，则可采用"仅利用"(exploitation-only)法：按下目前最优的(即到目前为止平均回报最大的)摇臂，若有多个摇臂同时最优，则从中随机地选取一个。"仅探索"法能很好地估计每个摇臂的回报，却会失去很多选择最优摇臂的机会；"仅利用"法正好相反，它没有很好地估计摇臂的期望回报，很可能选不到最优摇臂，可用 ε-贪心法(ε-greedy)弥合这两者的不足。

ε－贪心法基于概率 ε 来对探索和利用进行折中：每次尝试时，均以 ε 的概率进行探索，即以均匀概率随机地选取一个摇臂；以 $1-\varepsilon$ 的概率进行利用，即选择当前平均回报最高的摇臂（若有多个，则随机地选取一个）。

例 9－1 假定 2－摇臂老虎机的摇臂 1 以 0.4 的概率回报 1，以 0.6 的概率回报 0；摇臂 2 以 0.3 的概率回报 1，以 0.7 的概率回报 0。

（1）试计算仅探索的期望回报。

（2）设 $\varepsilon=0.1$，ε－贪心法的期望回报是多少？

解：（1）摇臂 1 的期望回报是 $0.4\times1+0.6\times0=0.4$；

摇臂 2 的期望回报是 $0.3\times1+0.7\times0=0.3$。

仅探索是以均匀概率 $\frac{1}{2}$ 随机地选择两个摇臂，所以仅探索的期望回报是 $\frac{1}{2}\times0.4+\frac{1}{2}\times0.3=0.35$。

（2）仅探索的期望回报是 0.35，以 $\varepsilon=0.1$ 的概率探索，回报最高的摇臂是摇臂 1，期望回报是 0.4，以 $1-\varepsilon=0.9$ 的概率利用，所以 ε－贪心法的期望回报是 $0.1\times0.35+0.9\times0.4=0.395$。

该例的实验曲线如图 9－6 所示。

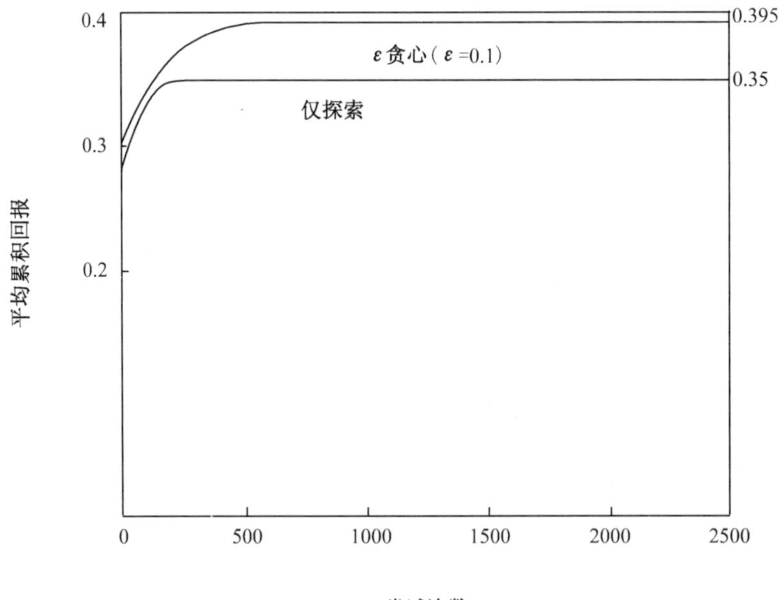

图 9－6 实验曲线

9.3 *Q*－学习

9.3.1 时间差

为了理解强化学习过程，先看看怎样调和按顺序提供给智能体的经验信息。

假定存在一系列的数值：$v_1, v_2, v_3, \cdots$ 目标是在给定前面数值的条件下预测下一个数值。一种方法是取该序列 v 期望值的一个运行逼近。令 A_k 为前 k 个数值 $v_1, v_2, \cdots, v_k$ 的期望值的估计，我们用简单的算术平均值估计之：

$$A_k = \frac{v_1 + v_2 + \cdots + v_k}{k}$$

化简，得

$$kA_k = v_1 + v_2 + \cdots + v_K = (k-1)A_{k-1} + v_k$$

$$A_k = (1 - \frac{1}{k})\ A_{k-1} + \frac{v_k}{k}$$

令 $\alpha_k = \frac{1}{k}$，则

$$A_k = (1 - \alpha_k)\ A_{k-1} + \alpha_k v_k = A_{k-1} + \alpha_k(v_k - A_{k-1}) \quad (9-1)$$

差 $v_k - A_{k-1}$ 称为时间差分误差（temporal - difference error）或 TD 误差，它说明了新的值 v_k 与旧的预测值 A_{k-1} 之间的差异有多大。

例 9－2　计算数列 v_k 的时间差分（TD）误差。

3，3.2，3.1，3.5，4，3.6，3.5，3.3，2.8，2.4，2.9，3.1，…

解：计算结果如表 9　1 所示。本例中 $\alpha_k = \frac{1}{k}$。

表 9－1　计算结果

k	1	2	3	4	5	6	7	8	9	10	11	12	
v_k	3	3.2	3.1	3.5	4	3.6	3.5	3.3	2.8	2.4	2.9	3.1	…
Σ	3	6.2	9.3	12.8	16.8	20.4	23.9	27.2	30	32.4	35.3	38.4	…
A_k	3	3.1	3.1	3.2	3.36	3.4	3.41	3.4	3.33	3.24	3.21	3.2	…
TD		0.2	0	0.4	0.8	0.24	0.1	－0.11	－0.6	－0.93	－0.34	－0.11	…
$\alpha_k \cdot$ TD		0.1	0	0.1	0.16	0.04	0.014	－0.014	－0.067	－0.093	－0.031	－0.01	…

结合例 9－2 进一步解释 TD 误差。注意：我们一直是用 A_{k-1} 预测 v_k 的值。当 $k=7$ 时，$v_7 = 3.5$，$A_6 = 3.4$，新出现的值 v_7 大于旧的预测值 A_6，则增加预测值，增加的量为 $\alpha_7 \cdot$ TD $= 0.014$，得到新的估计值 $A_7 = 3.41$。当 $k=9$ 时，$v_9 = 2.8$，$A_8 = 3.4$，新出现的值 v_9 小于旧的预测值 A_8，则减小预测值，减小的量为 $\alpha_9 \cdot$ TD $= -0.067$，得到新的估计值 $A_9 = 3.33$。

在强化学习中，上述的 α_k 是一个不依赖于 k 的常数 $\alpha (0 < \alpha \leqslant 1)$，称为学习速率或步长。

9.3.2　折扣因子

折扣因子是将未来的回报折算成当前回报而采取的一个比例数，含义与日常生活中的商家促销打折是类似的。例如，商家将 100 元的商品按 8 折优惠售出可得 80 元，若不打折，明年按 100 元售出，假设 1 年中商品的库存管理费为 20 元，商家明年得到的 100 元在今年看来也就是 80 元，正好与今年 8 折优惠售出是一样的，所以折扣因子 $\gamma = 0.8$。再

举一个生活中的例子，折扣因子 γ 的作用与银行利率的作用完全一样，只是方向相反。将100元钱存入银行，若年利率是10%，明年将拥有110元，后年将拥有121元。反过来，若折扣因子 $\gamma=0.9$，明年得到的100元在今年看来是 $0.9\times100=90$(元)；后年得到的100元，在明年看来是 $0.9\times100=90$(元)，在今年看来是 $0.9\times90=81$(元)。折扣因子就是这样将未来回报折算成当前回报的，所以也叫“未来折扣因子”。

9.3.3　Q－学习

智能体试图从它与环境的交互历史中学习最优的策略，这个历史是一个“状态——行动——回报”序列：

$$\langle s_0,a_0,r_1,s_1,a_1,r_2,s_2,a_2,r_3,s_3,a_3,r_4,\cdots\rangle$$

意思是：智能体在状态 s_0 执行了行动 a_0，获得回报 r_1 和到达状态 s_1；然后执行行动 a_1，获得回报 r_2 和到达状态 s_2，以此类推。

我们将历史的交互信息看作经验的一个序列，将经验定义为抽象元组：

$$\langle s,a,r,s'\rangle$$

意思是：智能体在状态 s 执行了行动 a，获得回报 r 和到达状态 s'。智能体能够从这些经验数据中学习做什么，其目标是使折扣回报最大化。我们以 $Q(s,a)$ 表示其当前估计值。

一条经验 $\langle s,a,r,s'\rangle$ 为计算 $Q(s,a)$ 提供了一个数据，这个数据就是智能体接收的未来值 $r+\gamma\max_{a'}Q[s',a']$，智能体利用时间差分公式(9－1)更新 $Q(s,a)$ 的估计值：

$$Q[s,a]\leftarrow Q[s,a]+\alpha(r+\gamma\max_{a'}Q[s',a']-Q[s,a])$$

或者等价形式：

$$Q[s,a]\leftarrow(1-\alpha)Q[s,a]+\alpha(r+\gamma\max_{a'}Q[s',a']) \tag{9.2}$$

其中，a 是步长，γ 是折扣因子。

例9－3　考虑如图9－7所示的简单的强化学习，其中，智能体的可能状态有 s_1,s_2,s_3,s_4,s_5,s_6 6个，智能体的行动有向上、向左、向右3种。这些就是智能体在开始行动之前知道的所有信息。假定智能体有下述经验：

$$\langle s_0,\text{向右},0,s_1,\text{向上},-1,s_3,\text{向上},-1,s_5,\text{向左},0,s_4,\text{向左},10,s_0\rangle$$

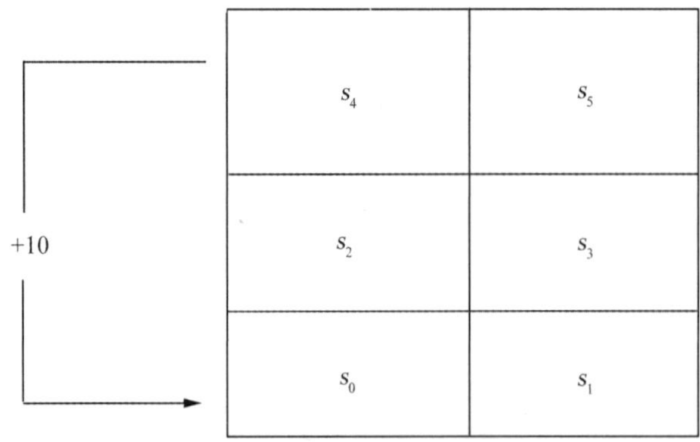

图9－7　强化学习环境

多次重复这个行动序列，计算 Q 值是如何更新的，Q 值初始化为 0，$\gamma=0.9$。

解：利用公式(9－2)进行计算，进行第 k 次迭代时，$\alpha_k=\frac{1}{k}$，折扣因子 $\gamma=0.9$。因为 Q 初始化为 0，所以 $\max_{a'}Q[s',a']$ 的最小值是 0。表 9－2 给出了该例前 10 次迭代的 Q 值更新情况。

表 9－2 前 10 次迭代的 Q 值更新情况

迭代次数	$Q[s_0$,向右$]$	$Q[s_1$,向上$]$	$Q[s_3$,向上$]$	$Q[s_5$,向左$]$	$Q[s_4$,向左$]$
1	0	−1	−1	0	10
2	0	−1	−1	4.5	10
3	0	−1	0.35	6	10
4	0	−0.92	1.36	6.75	10
5	0	−0.69	2.10	7.2	10
6	0	−0.43	2.66	7.5	10
7	0	−0.17	3.1	7.714	10
8	0	0.075	3.46	7.875	10
9	0.0075	0.302	3.75	8	10
10	0.034	0.51	4	8.1	10

应用公式(9－2)，表中部分算式如下：

$Q[s_0$,向右$]$的第 9 次迭代算式：$\frac{8}{9}\times 0+\frac{1}{9}\times(0+0.9\times 0.075)=0.0075$；

第 10 次迭代算式：$\frac{9}{10}\times 0.0075+\frac{1}{10}\times(0+0.9\times 0.302)=0.034$。

$Q[s_3$,向上$]$的全部迭代算式：

第 1 次迭代： -1；

第 2 次迭代： $\frac{1}{2}\times(-1)+\frac{1}{2}(-1+0.9\times 0)=-1$；

第 3 次迭代： $\frac{2}{3}\times(-1)+\frac{1}{3}(-1+0.9\times 4.5)=0.35$；

第 4 次迭代： $\frac{3}{4}\times 0.35+\frac{1}{4}(-1+0.9\times 6)=1.36$；

第 5 次迭代：$\frac{4}{5}\times 1.36+\frac{1}{5}(-1+0.9\times 6.75)=2.10$；

第 6 次迭代：$\frac{5}{6}\times 2.1+\frac{1}{6}(-1+0.9\times 7.2)=2.66$；

第 7 次迭代：$\frac{6}{7}\times 2.66+\frac{1}{7}(-1+0.9\times 7.5)=3.10$；

第 8 次迭代：$\frac{7}{8}\times 3.10+\frac{1}{8}(-1+0.9\times 7.714)=3.46$；

第 9 次迭代：$\frac{8}{9}\times 3.46+\frac{1}{9}(-1+0.9\times 7.875)=3.75$；

第 10 次迭代：$\frac{9}{10}\times 3.75+\frac{1}{10}(-1+0.9\times 8)=4$。

习题九

1. 求出图 9－8 所示的得益矩阵所表示的博弈中的混合策略纳什均衡。

博弈方 2

		L	R
博弈方 1	T	2,1	0,2
	B	1,2	3,0

图 9－8 得益矩阵

2. 企业甲和企业乙都是彩电制造商，他们都可以选择生产低档产品和高档产品，但两个企业在选择时都不知道对方的选择。假设两个企业在不同选择下的利润如图 9－9 所示。问：该博弈的纳什均衡是什么？

企业乙

		高档	低档
企业甲	高档	500,500	1000,700
	低档	700,1000	600,600

图 9－9 利润矩阵

第十章　AI 艺术创作

10.1　分形艺术

历史上，在艺术领域公认有两次最大的创新：一次是文艺复兴，另一次是 21 世纪初兴起的现代艺术。这两次大的创新都与几何学的变革有着紧密联系，前者与三维透视几何有关，后者与非欧几何、分形几何有关。《大自然的分形几何学》一书，不仅为世人带来了一个神奇绝妙的美丽世界，而且分形几何在数学、物理学、生物学等许多科学领域都得到了广泛的应用，对当代艺术也产生了重要影响。

中学里学习过的平面几何、立体几何等统称为欧几里得几何学，基于传统欧几里得几何学的各门自然科学总是把研究对象想象成一个个规则的形体，而我们生活的世界竟如此不规则和支离破碎，与欧几里得几何图形相比，拥有完全不同层次的复杂性。飘浮在蓝天中的云朵、蜿蜒曲折的海岸线、坑坑洼洼的地面、复杂的生命现象等，都表现了客观世界特别丰富的现象。分形几何则提供了一种描述这种不规则复杂现象中的秩序和结构的新方法。

10.1.1　自相似与丢勒的五边形

一个艺术家的伟大与否，不是看他所处的时代，而是看他所代表的时代。第一个分形实例来自文艺复兴时期的艺术家丢勒，他曾说：“我不知道美的最后尺度是什么。”丢勒首先画出一个正五边形，然后沿每条边向外再作出 5 个正五边形，这样就构成了另一个更大的正五边形轮廓（见图 10－1）。

你能够发现这个图形的自相似吗？

大的正五边形的边长 CD 与原正五边形的边长 BD 之比是

$$CD:BD = 2 + 2\cos 72° = (3 + \sqrt{5})/2$$

现在反过来操作。给定一个边长为 CD 的正五边形，由 CD 计算出内嵌的 5 个小正五边形的边长 BD，画出这 5 个小正五边形，中间自然形成一个小正五边形，共计 6 个小正五边形，这正是图 10－1 左上角的图形。依上述步骤，这 6 个小正五边形中的每个小正五边形又可构造出 6 个更小的正五边形。如此不断重复，可以得到无穷自相似结构的分形对象（见图 10－1），这是已知的最早的分形。

分形的创立犹如当年哥伦布发现美洲新大陆。分形的创立者曼德勃罗特（B. B. Mandelbrot）供职于 IBM 公司，原先是为了解决电话电路的噪声等实际问题，结果却发现了几何学的一个新领域。海岸线具有自相似性，曼德勃罗特就是在研究海岸线时创立了分形几何学。几何对象的一个局部放大后与其整体相似。部分的某种形式与整体相似的形状就叫作分形。1973 年,曼德勃罗特在法兰西学院讲课时,首次提出了分维和分形几何的设想。分形(fractal)一词是曼德勃罗特创造出来的,其原意是不规则、支离破碎等。分形几何学是一门以非规则几何形态为研究对象的几何学。1980 年,曼德勃罗特发现了后来以他的名字命名的集合——Mandelbrot 集(见图 10－2),集合图形的边界处,具有无限复杂和精细的结构。如果计算机的精度不受限制,可以无限地放大它的边界。图 10－2(b)就是将图 10－2(a)中的矩形框区域放大后的图形。当你放大某个区域时,它的结构就会变化,展现出新的结构元素。这正如"蜿蜒曲折的一段海岸线",无论怎样放大它的局部,它总是曲折而不光滑的,即连续不可微的。

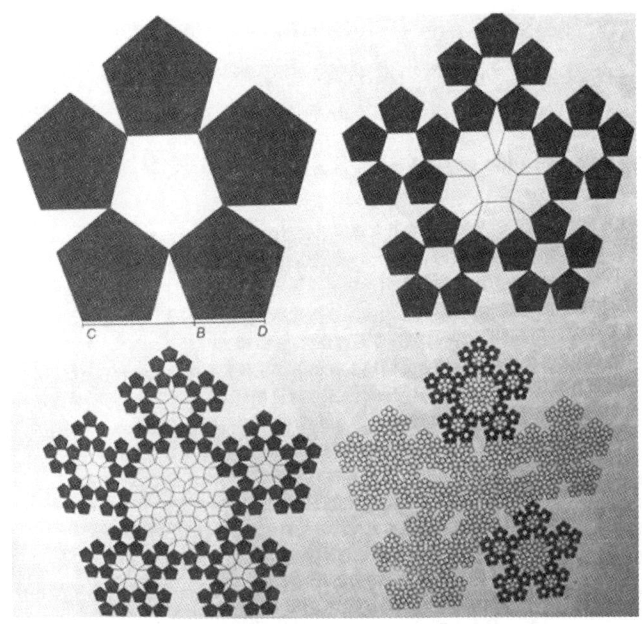

图 10－1　丢勒构造的正五边形分形

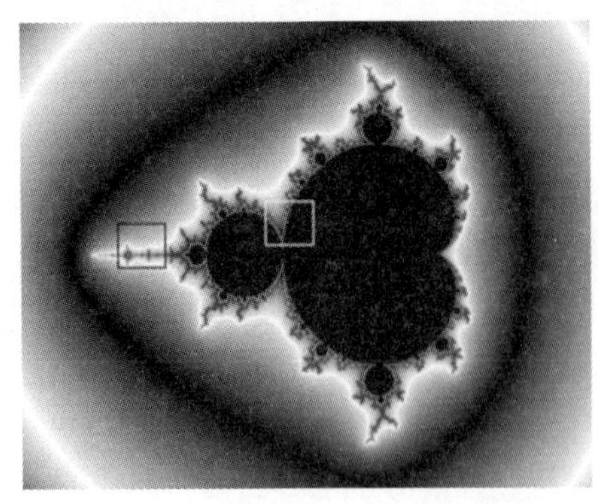

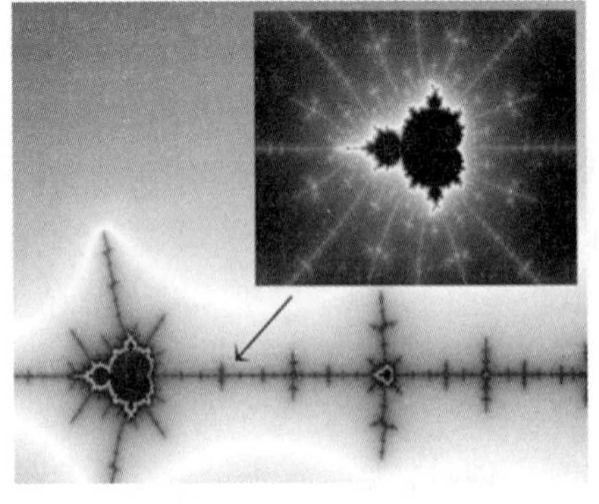

(a)Mandelbrot 集　　(b)局部放大图形

图 10－2　Mandelbrot 集

10.1.2　分形维数

空间是我们天然的观念，我们能感觉到一维空间、二维空间、三维空间，甚至知道多维空间。一个点是零维的，线段是一维的，正方形是二维的，球是三维的，等等。

一根线段 L，它是一维的，取单位长度为 1，将它的线度（边长）扩大到原来的 3 倍，显然得到 3 个单位长度为 1 的线段，如图 10－3(a)所示。

$$L \text{ 扩大到 } 3L = 3^1 \cdot L$$

平面上的单位正方形 P，边长为 1，将其线度（边长）扩大到原来的 3 倍，则得到 9 个单位正方形，如图 10－3(b)所示。

$$P \text{ 扩大到 } 9P = 3^2 \cdot P$$

三维空间中的单位立方体 V，边长为 1，将其线度（边长）扩大到原来的 3 倍，则得到 27 个单位的立方体，如图 10－3(c)所示。

$$V \text{ 扩大到 } 27V = 3^3 \cdot P$$

若以 B 表示放大倍数（上述情况 $B=3$），以 M 表示线度（边长）扩大 B 倍之后的总个数，以 D 表示维数，如上所述，对于一维线段、二维正方形、三维立方体皆有

$$M = B^D \text{，即 } D = \frac{\log M}{\log B}$$

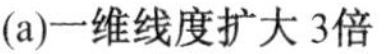

(a)一维线度扩大 3倍

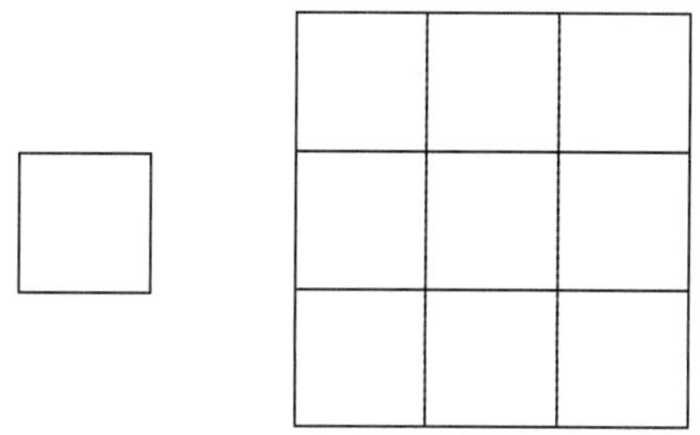

(b)二维线度扩大 3倍

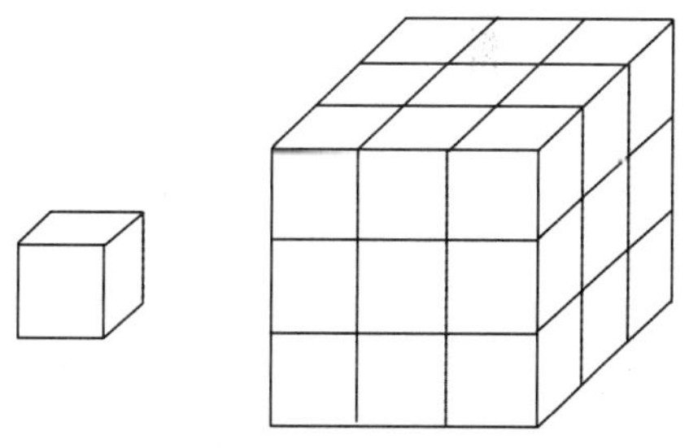

(c)三维线度扩大 3倍

图 10－3

对于在大范围与小范围之间有自相似的图形，其重要的特征量是它的“分形维数”。计算分形维数有个简单的方法：数格子法。下面通过两个简单的实例看怎样数格子。假定格子的边长为单位 1，第一个例子如图 10－4 所示。

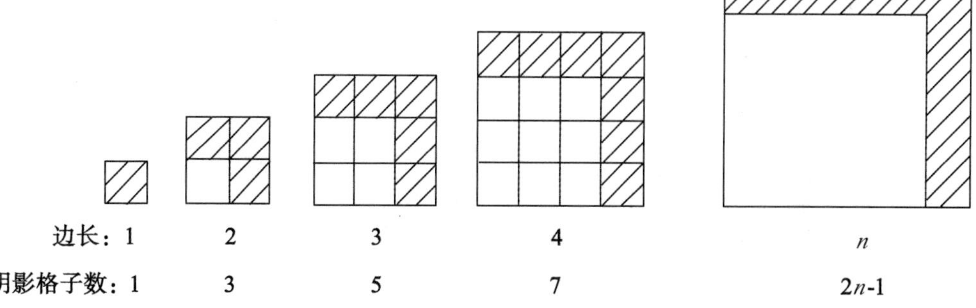

图 10－4　格子计数法示例一

图 10－4 中，阴影部分格子的数目依次是 1，3，5，…，$2n-1$，这是依次比其左边正方形增加的格子数量，因此，最后一个图形的格子总数是

$$1+3+5+\cdots+2n-1$$

显然，图 10－4 最后的图形是边长为 n 的正方形，其格子总数是 n^2，所以

$$1+3+5+\cdots+(2n-1)=n^2$$

第二个例子如图 10－5 所示。

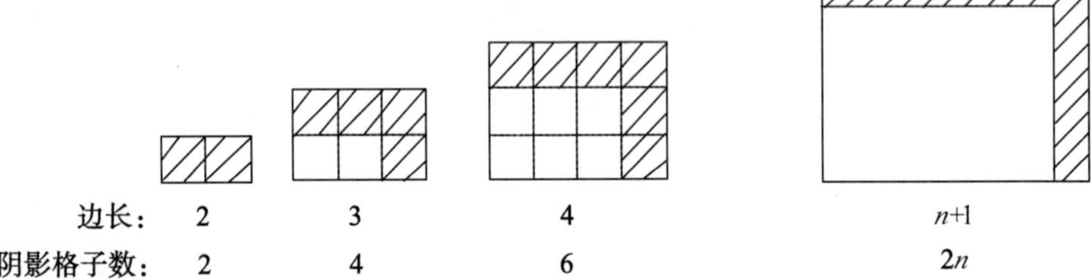

图 10－5　格子计数法示例二

图 10－5 中，阴影部分格子的数目依次是 2，4，6，…，$2n$，这是依次比其左边矩形增加的格子数量，因此，最后一个图形的格子总数是

$$2+4+6+\cdots+2n$$

显然，图 10－5 最右边的图形是边长分别为 n，$n+1$ 的矩形，其格子总数是 $n(n+1)$，所以

$$1+2+3+\cdots+n=\frac{1}{2}n(n+1)$$

下面通过数格子法给出分形维数的定义。

设将 N 维空间分割成边长为 ε 的小体积(即如图 10－6 所示的二维空间)，小体积是边长为 ε 的正方形。若一个几何图形占据了 M 个该小体积，则该几何图形的分形维数 D 为

$$D=\lim_{\varepsilon\to 0}\frac{\log M}{\log\frac{1}{\varepsilon}} \tag{10-1}$$

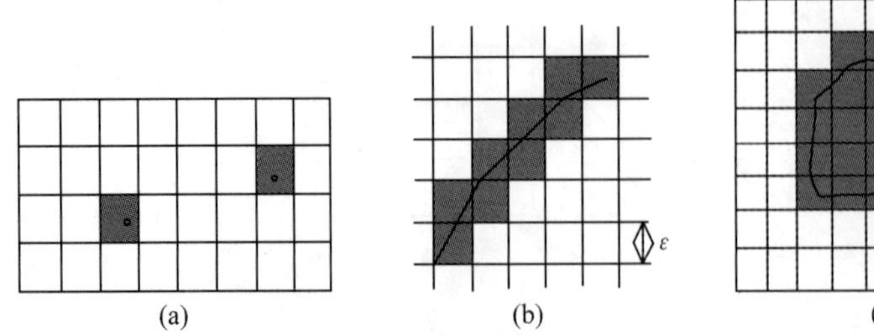

图 10－6　数格子法计算分形维数

（1）若几何图形是一个点，如图 10－6（a）所示，则 $M=1$，与 ε 的大小无关，代入式（10－1），得

$$D=\lim_{\varepsilon\to 0}\frac{\log 1}{\log\frac{1}{\varepsilon}}=\lim_{\varepsilon\to 0}0=0$$

（2）若几何图形是一条曲线，如图 10－6（b）所示，设该曲线的长度为 l，则 M 与 l/ε 成正比，代入式（10－1），得

$$D=\lim_{\varepsilon\to 0}\frac{\log M}{\log\frac{1}{\varepsilon}}=\lim_{\varepsilon\to 0}\frac{\log\frac{l}{\varepsilon}}{\log\frac{1}{\varepsilon}}=\lim_{\varepsilon\to 0}\frac{\log l}{\log\frac{1}{\varepsilon}}+1$$

当 $\varepsilon\to 0$ 时，因为 $\lim_{\varepsilon\to 0}\log\frac{1}{\varepsilon}=\infty$，$\lim_{\varepsilon\to 0}\frac{\log l}{\log\frac{1}{\varepsilon}}=0$，所以上式 $D=1$。

（3）若几何图形为一个椭圆，其面积为 A，则 M 与 A/ε^2 成正比，代入式（10－1），得

$$D=\lim_{\varepsilon\to 0}\frac{\log\frac{A^2}{\varepsilon^2}}{\log\frac{1}{\varepsilon}}=\lim_{\varepsilon\to 0}\frac{\log A}{\log\frac{1}{\varepsilon}}+2=2$$

即式（10－1）定义的分形维数与我们的直观是一致的。

如同欧几里得几何学的图形对称性、拓扑学的点的相邻性，分形几何重在研究图形的自相似性。下面以 Koch 曲线、康托尔三分集为例进行分析并计算其分形维数。

（1）科赫（Koch）曲线

Koch 曲线是 1904 年瑞典数学家科赫（H. von Koch）构造的。其构造过程是：取一条长度为 L_0 的直线段，将其三等分，保留两端的线段，将中间的一段改换成夹角为 60°的两个等长直线。再将长度为 $L_0/3$ 的 4 个直线段分别进行三等分，并将它们中间的一段均改换成夹角为 60°的两段长为 $L_0/9$ 的直线段。重复以上操作直至无穷，可得到一条具有自相似结构的折线，即 Koch 曲线，如图 10－7 所示。

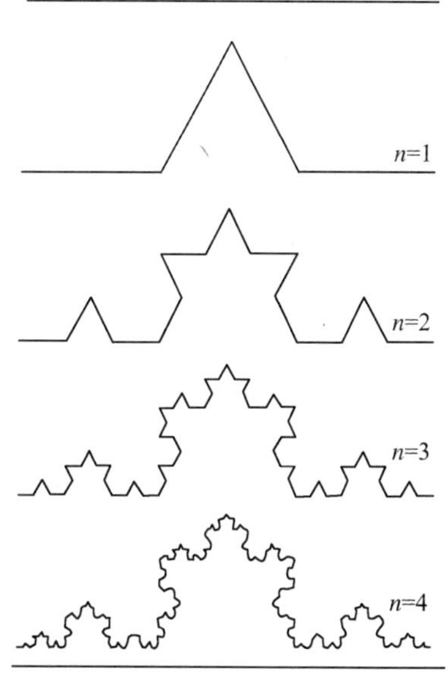

图 10－7　科赫曲线

例 10－1　求 Koch 曲线的分形维数。

解：因为 $\varepsilon=(\frac{1}{3})^n$，$M=4^n$，代入式（10－1），得

$$D=\frac{\log 4}{\log 3}=1.2618$$

所以 Koch 曲线的分形维数是 1.2618。

（2）康托尔三分集

1883 年，德国数学家康托尔（G. Cantor）构造了一个奇异集合：取一条长度为 1 的直线段 E_0，将它三等分，去掉中间的一段，剩下的两段记为 E_1，将剩下的两段再分别三等分，各

去掉中间的一段，剩下更短的四段记为 E_2……将这样的操作一直继续下去，直至无穷，可得到一个离散的点集 F（见图 10－8），称为康托尔三分集。

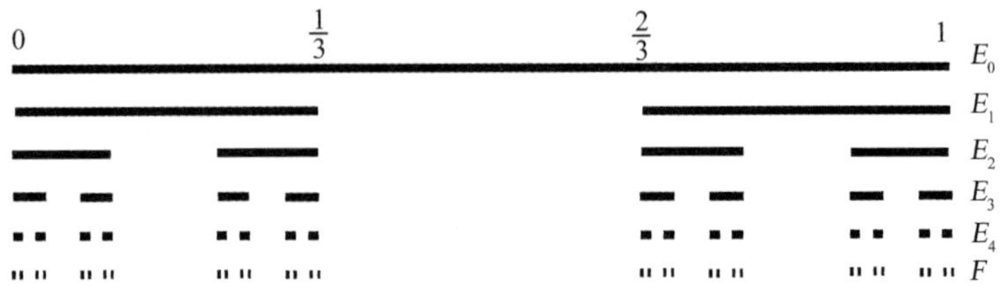

图 10－8　康托尔三分集

例 10－2　求康托尔三分集的分形维数。

解：根据康托尔三分集的构造，分割的线段的边长 $\varepsilon=\frac{1}{3}$，n 次后为$(\frac{1}{3})^n$，M 的个数，每次为 2，n 次后为 2^n，代入式（10－1），得

$$D=\frac{\log 2^n}{\log 3^n}=\frac{\log 2}{\log 3}=0.63$$

所以康托尔三分集的分形维数是

$$\frac{\log 2}{\log 3}=0.631$$

在康托尔三分集的构造过程中，如果每一步都用掷骰子的方法来决定去掉被分成的三段中的哪一段，或来选择子区间的长度，就会得到很不规则的随机康托尔三分集，如图 10－9 所示。它被当时在美国 IBM 公司任职的曼德勃罗特用作描述通信线路中噪声分布的数学模型，如今在现代非线性动力学的理论研究中有重要地位。

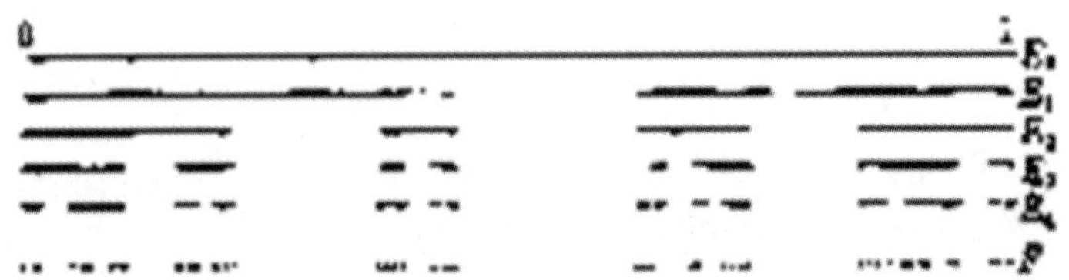

图 10－9　随机康托尔三分集

（3）分形维数比较（见表 10－1）

表 10－1　分形维数比较

康托尔集		两条长度为原长度$\frac{1}{3}$的线段	维数小于 1
线段		三条长度为原长度$\frac{1}{3}$的线段	维数等于 1

（续表）

Koch 曲线	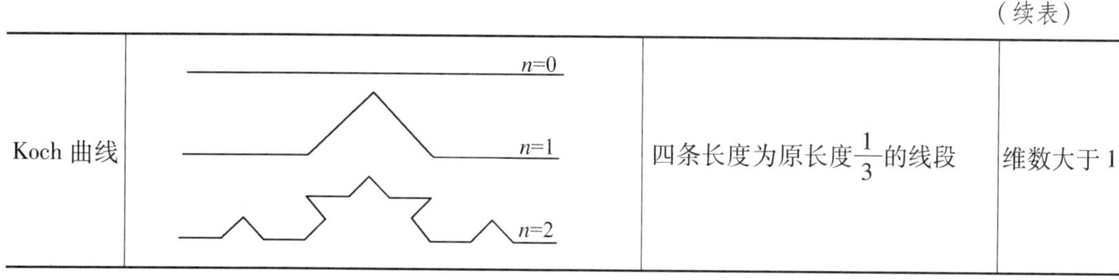	四条长度为原长度$\frac{1}{3}$的线段	维数大于 1

分形艺术就是用分形方法对放大区域进行着色处理，这些区域会变成一幅幅精美的艺术图案。分形艺术以一种全新的艺术风格展示给人们，使人们认识到该艺术和传统艺术一样具有和谐、对称等特征的美学标准。这里值得一提的是对称特征，分形的对称性既表现了传统几何的上下、左右及中心对称，同时它的自相似性又揭示了一种新的对称性，即画面的局部与更大范围的局部的对称，或者说局部与整体的对称。这种对称不同于欧几里得几何的对称，而是大小比例的对称，即系统中的每个元素都反映和含有整个系统的性质和信息。

牛顿奠定了经典力学、光学和微积分学的基础，也是函数逼近论的奠基人。他建议用逼近的方法求解一个方程的根。先猜测一个初始点，然后使用函数的一阶导数，用切线逐渐逼近方程的根。例如，方程 $z^6+1=0$ 有 6 个根，用牛顿的方法“猜测”复平面上各点最后趋向方程的哪一个根，就可以得到一个怪异的分形图形（见图 10－10）。该图形能被永远放大下去，并有自相似性。

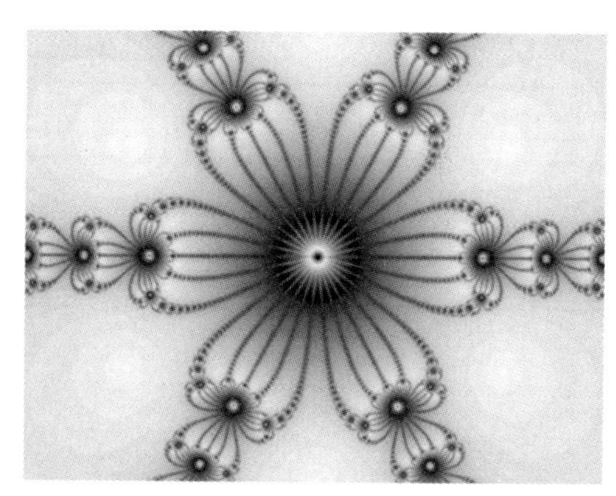

图 10－10　牛顿法求根分形图形

有人质疑把计算机产生的图形看成艺术，因为这些图形可以利用高品质的打印机产生任意多幅同样质量的“原作”，从而在商业化的艺术市场上造成混乱，因此它没有收藏价值，没有收藏价值的作品还能算得上是艺术吗？这是一个十分敏感的问题。早在 20 世纪 60 年代初，有些数学家和程序设计人员就开始利用计算机及绘图设备从事这方面的工作。但他们中的大部分人都避免将自己的工作与“艺术”一词挂起钩来，以免与艺术界的人们发生冲突。但是有一些人还是挺着腰杆去面对批评，承认计算机是视觉艺术的一种新工具，称他们自己的方法为“计算机艺术”。在批评面前，他们没有受到影响。他们不顾理论界的反对而继续自己的探索，积累了大量令人难忘的成果。正因为他们的努力，才出现了今天的 PhotoShop，Corel DRAW 等著名软件，以及各种计算机艺术团体组织。PhotoShop 也成了某些美术专业学生的必修课。当今时代出现的充满科技含量的“分形艺术”不同于运用 PhotoShop 从事的计算机艺术创作。“分形艺术”是纯数学产物，是否能算得上艺术必然会引起新的争论。争论最活跃的问题是：分形图形是纯数学产物，能算得上艺术吗？既然学习数学和程序设计就可以从事艺术创作了，那么学习美术专业还有什么用处呢？这个问题直指过去的学科分类。从事分形艺术创作的人要研究产生这些图形的数学算法,这些算法产生的图形是无限的。它们没有结束,你永远不能看见它们的全部。你不断放大它们的局部,也许你可能发现前人没曾见到过的图案。这些图案可能是非常精彩的。它们与现实世界相符合,从浩瀚广阔的宇宙空间到极精致的细节,是完全可以用数学结构来描述的。另一个问题是颜色。好的颜色选择,就可以得到一幅奇妙的图形;糟糕的颜色选择,你得到的恐怕是垃圾。色彩学是分形艺术的基础布景。分形几何冲击着不同的学术领域,它在艺术领域显示出非凡的作用。创作精美的分形艺术是国内外分形艺术家们的人生追求。分形所呈现出的无穷玄机和美感引发人们去探索,并为之感动。分形使人们感悟到科学与艺术的融合,数学与艺术审美上的统一,使昨日枯燥的数学不再仅仅是抽象的哲理,而是具体的感受;不再仅仅是揭示一类存在,而是一种艺术创作。它搭起了科学与艺术的桥梁。不管你是从数学的观点看还是从美学的观点看,它都是那么富有哲理,它是几何学中的美和美学中的几何的完美结合。

10.2　希尔伯特(Hilbert)曲线

10.2.1　二进制、四进制和十进制

二进制、四进制、十进制之间的转换如表10－2所示。

表10－2　数制转换表

十进制	0	1	2	3	4	5	6	7	8	9
二进制	0	1	10	11	100	101	110	111	1000	1001
四进制	0	1	2	3	10	11	12	13	20	21

(1)二进制、四进制到十进制的转换:

二进制数:1　0　0　1　1　1　0

2^6　2^5　2^4　2^3　2^2　2　1

因此,$(1001110)_2=2^6+2^3+2^2+2=78$。

四进制数:1　0　3　2

4^3　4^2　4　1

因此,$(1032)_4=4^3+3\times4+2=64+12+2=78$。

(2)十进制到二进制、四进制的转换。将一个数从十进制转换为二进制(四进制)的方法为:将这个数除以2(4)得商并写下余数0或1(0,1,2或3),这个余数就是最低位的二(四)进制数字。下一步,将商再除以2(4)再得商并写下余数0或1(0,1,2或3),这个余数就是次低位的二(四)进制数字。重复这个过程直到商为0。

例10－3　将78转换为二进制、四进制数。

解:	二进制:0	1	2	4	9	19	39	78
		1	0	0	1	1	1	0
	四进制:0	1	4	19	78			
		1	0	3	2			

10.2.2　Hilbert 曲线及编码

在四进制数表示中，我们用 0，1，2，3 四个符号，这样区间[0，1]之间的所有数字都可以表示为"$(0.\cdots)_4$"的形式，两个端点 0，1 用四进制表示为$(0.00\cdots)_4$和$(0.333\cdots)_4$。为了方便书写和识别，下面省略小数点之前的 0 和小数点，这样$(0.11203)_4$简记作 11203，$(0.00231)_4$简记作 00231，识别起来容易多了。我们的目标是构造一个单位区间[0，1]到单位正方形间的连续函数。

第一步：四等分单位正方形，并相继画出小正方形的中位线[见图 10－11(a)]。按中位线走向顺序标记 0，1，2，3，如图 10－11(b)所示。

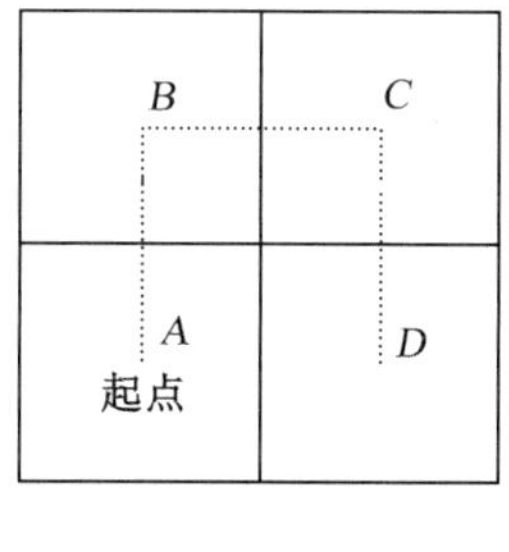

(a)

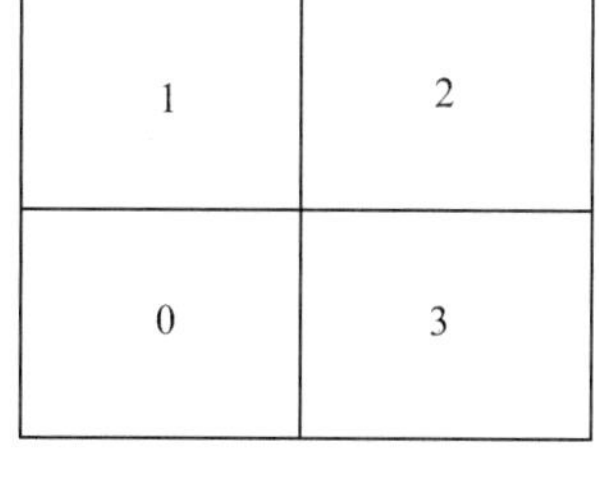

(b)

图 10－11　一次等分与编码

第二步：将第一步中标记 0，1，2，3 的四个正方形，每个正方形再四等分，重新相继画出等分后正方形的中位线。等分后的正方形按图 10－12(a)中位线走向顺序标记 0，1，2，3，并标在等分前的正方形的标记符号后边，如图 10－12(b)所示。

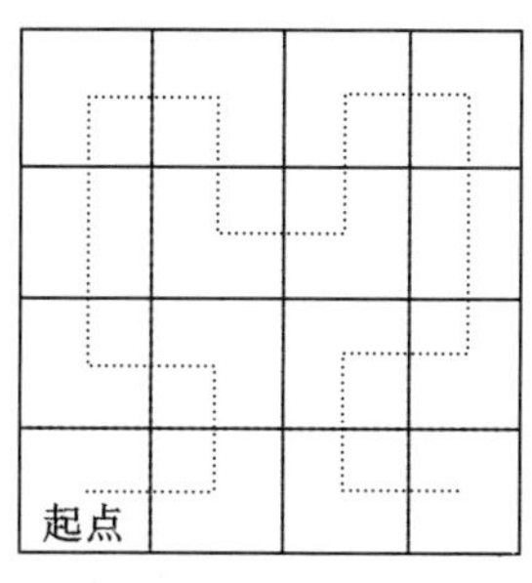

(a)

11	12	21	22
10	13	20	23
03	02	31	30
00	01	32	33

(b)

图 10－12　二次等分与编码

第三步：再四等分第二步中的每个正方形，重新相继画出等分后正方形的中位线，每个正方形等分后按图 10－13(a)中位线走向顺序标记 0，1，2，3，并标在等分前该正方形的标记符号后边，如图 10－13(b)所示。填满图 10－13(b)空格中的标记符号作为习题。

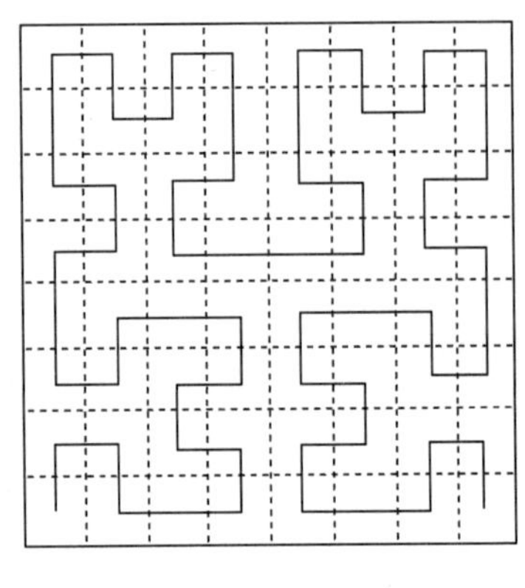

(a)

111	112	121	122				
110	113	120	123				
103	102	131	130				
100	101	132	133				
033	030	023	022				
032	031	020	021				
001	002	013	012				
000	003	010	011				

(b)

图 10－13　三次等分与编码

第四步：继续四等分，画中位线并标记符号。

……

下面分析单位区间[0，1]中点与单位正方形中细分了的小正方形的对应关系。将图中小正方形的标号看成四进制表示，并恢复小数点和小数点前面的 0。

[0，1]中的$\frac{1}{3}$对应的四进制小数恰好是$(0.1111\cdots)_4$，而该无限循环小数显然等于$\frac{1}{3}$，因为

$$(0.1111\cdots)_4=\frac{1}{4}+\frac{1}{4^2}+\frac{1}{4^3}+\cdots+\frac{1}{4^n}+\cdots=\lim_{n\to\infty}\frac{1}{4}\times\frac{1-(\frac{1}{4})^n}{1-\frac{1}{4}}=\frac{1}{3}$$

同样，$(0.222\cdots)_4$ 和$(0.333\cdots)_4$ 分别等于$\frac{2}{3}$和 1：

$$(0.222\cdots)_4=\frac{2}{4}+\frac{2}{4^2}+\frac{2}{4^3}+\cdots+\frac{2}{4^n}+\cdots=\lim_{n\to\infty}\frac{2}{4}\times\frac{1-(\frac{1}{4})^n}{1-\frac{1}{4}}=\frac{2}{3}$$

$$(0.333\cdots)_4=\frac{3}{4}+\frac{3}{4^2}+\frac{3}{4^3}+\cdots+\frac{3}{4^n}+\cdots=3\times\frac{1}{3}=1$$

一般地，从图中任选一个小正方形，比如标号是“21023”的小正方形，它是第五步划分的一个小正方形，记 $N=(0.21023)_4$，则转换成十进制为

$$N=\frac{2}{4}+\frac{1}{4^2}+\frac{0}{4^3}+\frac{2}{4^4}+\frac{3}{4^5}=\frac{587}{1024}=0.5732421875$$

它是单位区间[0,1]中的一个数。

反过来,任给[0,1]中的一个数,如0.5732421875,将该数按如下方法操作:每次乘4,记下小数点前的数,再用小数点后的数继续乘4,再记下小数点前的数……结果转换成四进制数$(0.21023)_4$,去掉小数点和小数点前的0,得到21023,该数正对应第五步划分的一个小正方形编号。

$$
\begin{array}{r}
\boxed{0}.5752421875 \\
\times 4 \\
\hline
\boxed{2}.29296875 \\
\times 4 \\
\hline
\boxed{1}.171875 \\
\times 4 \\
\hline
\boxed{0}.6875 \\
\times 4 \\
\hline
\boxed{2}.75 \\
\times 4 \\
\hline
\boxed{3}.00
\end{array}
$$

这样就得到了两个重要结论:第一,单位区间[0,1]内的点与单位正方形内的点存在一一对应关系;第二,不断细分的正方形中位线的极限曲线填满整个单位正方形,并且是连续的。

这样得到的曲线,称为 Hilbert 曲线。由于该曲线填满了整个单位正方形,因而其分形维数是2,该曲线不是由于“线”而是由于太“曲”了,它的分形维数达到了2。

10.3　图像风格迁移

10.3.1　生成式对抗网络

深度学习解决了静态图像分类问题,即输入一张真实图像 x,深度神经网络可输出其中物体的类别。反过来,已知图像类别,可以生成与此类别逼真的图像吗?答案是可以,它就是生成式对抗网络(Generative Adversarial Network,GAN),工具依然是深度神经网络。

生成式对抗网络(GAN)基于博弈论,其中生成器网络必须与对手博弈。生成器网络直接产生样本 x。其对手,判别器网络试图区分从训练数据抽取的样本和从生成器生成的样本。判别器给出概率值 $D(x)$,指示 x 是真实训练样本而不是从模型生成的伪造样本的概率。具体分析如下:

GAN 的基本思想是:

(1)令负责生成图像的深度网络为 G(generator,生成器)

①G 的输入为 z,可以是指定的编码,也可以是随机噪声,如100个高斯分布的随机数。

②G 的输出 $G(z)$ 是图像，如 64 × 64 的彩色图像。

(2) 用另一个深度网络 D(discriminator，判别器)，负责判断 G 生成的图像的真实性。

①D 的输入为 x，是待判定的图像。

②D 的输出 $D(x)$ 是对图像的真实度的判定：$D(x)=1$ 代表图像完全真实，$D(x)=0$ 代表图像完全虚假。

(3) 由于深度网络很擅长分辨图像，如果 G 生成的图像足以骗过 D，可能就说明 G 生成的图像质量很高，也许足以同样骗过人类(见图 10－14)。

(4) D 的目标是尽量辨认出 G 生成的图像 $G(z)$ 与真实图像的区别。即 $D(G(z))$ 应趋向于 0，同时，x 是真实图像，$D(x)$ 应趋向于 1。

(5) G 的目标是尽量生成 D 无法分辨真假的图像，即尽量让 $D(G(z))$ 趋向于 1。

(6) G 和 D 随着训练，各自性能可不断提升，这就是博弈过程，也是一种强化学习。

(7) 理论上，最终 D 和 G 会达成均衡，即 G 学会了生成栩栩如生的图像，D 无法分辨 $G(z)$ 和真实图像 x 的区别。

(8) 对零和博弈，$D(G(z))$ 和 $D(x)$ 都等于 0.5。当前，实践中效果较好的都是设计采用能达到纳什均衡的一般博弈。

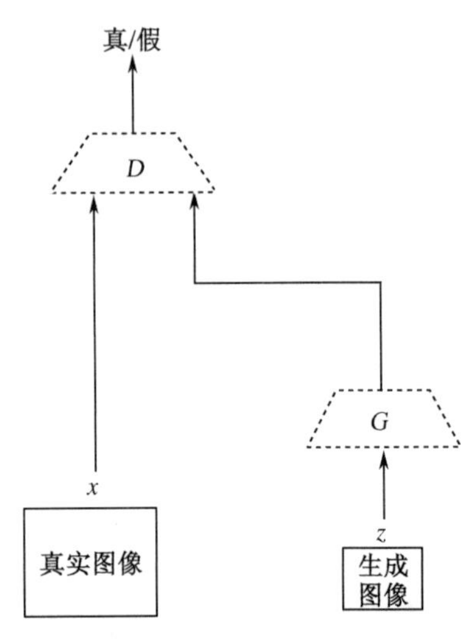

图 10－14　GAN 的基本架构

GAN 的训练流程是：

(1) 随机选取真实图像 x。

(2) 将 x 输入 D，得到 $D(x)$。

(3) 希望 $D(x)=1$，获得反向梯度，保存备用。

(4) 随机采样生成 z，如令 z 为 100 维的 $\{z_1, z_2, \cdots, z_{100}\}$，其中 z_i 是标准高斯正态分布的随机数。

(5) 将 z 输入 G，生成 $G(z)$。

(6) 将 $G(z)$ 输入 D，得到 $D(G(z))$。

(7) 希望 $D(G(z))=0$，获得反向梯度，与之前 D 的梯度相加，训练 D。

(8) 将 $G(z)$ 再次输入 D，得到新的 $D(G(z))$。

(9) 希望 $D(G(z))=1$，获得对于输入的梯度，反向传入 G，训练 G。

(10) 重复此过程。

10.3.2　图像风格迁移

给定两张图像，非匹配数据图像转换 CycleGAN 可以自动学会两张图像的风格或语义差异，并能将一张图像的风格迁移到另一张图像的语义上。具体操作时，用于提取风格的图像应选择画风很独特的，这样效果比较明显。此外，训练次数也是一个因素，训练次数越多，效果越明显。具体见本章实验实训。

实验实训六　图像风格迁移

1. 实验实训要求

(1)训练判别网络。

(2)固定判别网络,训练生成网络。

(3)进行图像创作。

2. 实验实训目的

(1)区分生成网络、判别网络。

(2)体会博弈的思想,深入了解博弈论在人工智能中的应用。

实验实训报告(六)

<table>
<tr><td>姓　名</td><td></td><td>班　级</td><td></td><td>组　别</td><td></td></tr>
<tr><td>实验实训名称</td><td colspan="3"></td><td>数据集</td><td></td></tr>
<tr><td>主要步骤</td><td colspan="5"></td></tr>
<tr><td>结果分析</td><td colspan="5"></td></tr>
<tr><td>评　　价</td><td colspan="5"></td></tr>
</table>

习题十

1. 如图 10－15 所示，从一条长度为 1 的直线开始，在直线顶端对称地画上两条夹角为 60°，长度为原来 0.6 倍的直线；下一步，在两个顶点的每个顶点处都对称地画出两条线段，长度仍为原来的 0.6 倍，夹角仍是 60°。如此不断地重复，可得到一颗美丽的树。试计算该树的分形维数。

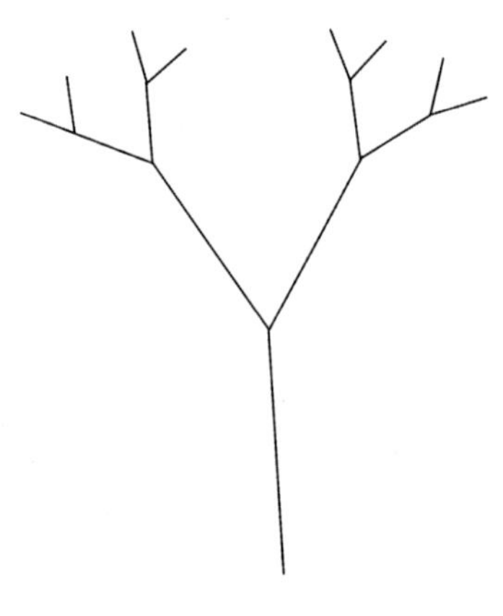

图 10－15

2. 谢尔宾斯基三角形是一种分形。具体操作是：将一个正三角形等分成 4 个小正三角形，将中间的倒小正三角形挖去，接着将剩下的 3 个小正三角形做同样处理，以此类推，经过 n 次后成为谢尔宾斯基三角形，如图 10－16 所示。计算谢尔宾斯基三角形的分形维数。

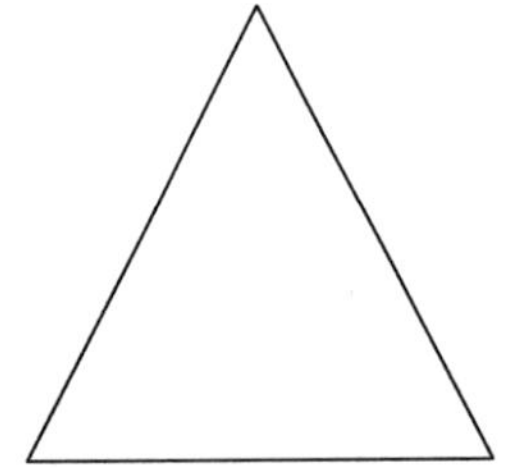
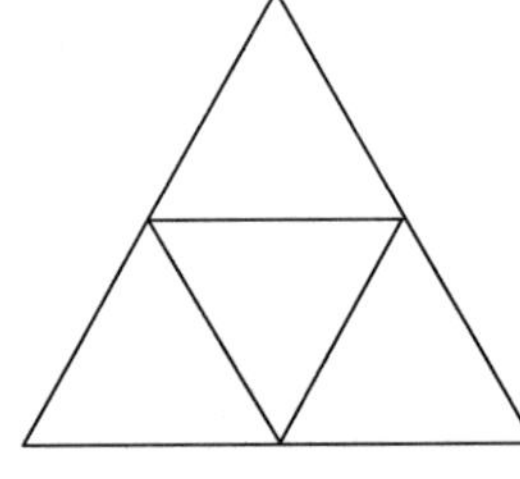

图 10－16

3. 补全 Hilbert 曲线编码第三步图 10－13(b) 中空缺的数字标号，填入图 10－17 中。

111	112	121	122				
110	113	120	123				
103	102	131	130				
100	101	132	133				
033	030	023	022				
032	031	020	021				
001	002	013	012				
000	003	010	011				

图 10－17

第十一章　人工智能与自然智能

自然与人为是我们文化中基本的哲学论题,汉语甚至专门用“伪”字表示人为。任何现象都可分为自然与人为两个方面:自然意味着发生在自然界中的现象,人为意味着由人类制造的那部分现象。人工智能是人为的智能,也是自然智能的对立面。

11.1　器类与人类

在宇宙演化史上,有两大标志性事件:一是出现了人类,二是出现了器类。我们正处在器类的前夜,器类而不是人类才是宇宙生态的先民。

我国月球探测工程首席科学家欧阳自远说:“地球是人类的摇篮,但终有一天,人类会离开她的摇篮。”徜徉于宇宙中的人类,与栖息于地球上时一样,有一个完整的生存生态,器类会是人类在宇宙中亲密无间的伴侣。

那么,什么是器类呢？哲学家福柯说:“眼睛注定是要看的,并且只是看;耳朵注定是要听的,并且只是听;话语注定是要说的,并且只是说。”接下来就是,大脑注定是要思维的,并且只是思维。人的看、听、说都有自然的局限性。可见光的波长范围是400 ~ 760 nm,听域的范围大致是20 Hz ~ 20 kHz,话语的音调及语速也有其合理的范围。今天,科技已经突破了这种自然的局限性,机器“看、听、说”的能力大大提升。类似地,人的思维同样有自然的局限性。人工智能可以解除人类思维的这种自然局限性,提升思维能力,这正符合科技发展的规律。所有这些提升了思维能力的智能机器,构成了器类。人工智能不是人类的附属物,也不是宇宙的怪物,只是在智能的某些表现上器类优于人类。器类脱胎于人类的怀抱,它将与人类一样,诞生、成长、发展壮大,没有完整生态的智能器类,就不会有徜徉漫步宇宙的人类,这是必然,也是人类的福祉。

11.2　器类的未来

随着人工智能科技的发展,出现了越来越多的智能器件,它们的广泛应用会对人类社会及我们的星球产生深刻的心理、社会和法律经济的影响。从某种意义上来说,人工智能简化了下一阶段的技术发展,同时由于它能独立地进行感知、决策和行动,这成为我们技术和技术图景中的一个巨大质变。和所有的颠覆性技术一样,人工智能技术可能存在大量的正面和负面结果;和所有其他的颠覆性技术不一样的是,人工智能技术快速地渗透到了社会大众生活的诸多领域,人们对这个巨大质变表示惊叹的同时,也会有些许困惑甚至恐惧。人能相信机器人吗？机器人愿意做正确的事情吗？人类和器类能和平共处吗？器类的未来怎样托负起我们人类的明天呢？科幻小说家艾萨克·阿西莫夫（Isaac Asimov）是思考这些问题的早期思想家之一，他的机器人三法则是我们理解这些问题的一个很好的基础。三法则的内容是：

（1）机器人不得伤害人类，或因不作为使人类受到伤害。

（2）除非违背第一法则，机器人必须服从人类的命令。

（3）在不违背第一和第二法则的前提下，机器人必须保护自己。

Asimov 认为：首先，每个机器人都必须遵循这些法则，机器人制造商必须依法确保这一点；其次，机器人应该始终遵循三法则的优先次序。这些问题，Asimov 早在 1950 年就提出来了。21 世纪初叶，伦理学家玛格丽特·萨默维尔（Margaret Somerville）声称：随着以一个不断加速的速率将我们自身的能力固化为技术，物种正在从智人进化为技术人。许多旧的社会框架正在被打破，再也无法适应这个新世界。作为人工智能新科技的拥趸，我们应该重视新技术所带来的后果，这也是我们共同的责任。

展望未来，人类和器类将相互促进、共同发展。人工智能不是自然智能的终点，而是宇宙器类的起点，自然智能已使人类处于地球生态的顶峰，人工智能将助力人类攀登宇宙生态的险峰。大仁启智，人类的伟大不在智能，在他处。

器类，出发吧！

习题十一

1. 查阅材料，看看国外从事人工智能的著名企业有哪些，其核心业务是什么。
2. 结合自己的专业，展望人工智能在本专业领域的应用前景。

参考文献

[1]汤晓鸥,陈玉琨. 人工智能基础[M]. 上海:华东师范大学出版社,2018.

[2]李航. 统计学习方法[M]. 北京:清华大学出版社,2012.

[3]周志华. 机器学习[M]. 北京:清华大学出版社,2016.

[4]李德毅. 人工智能导论[M]. 北京:中国科学技术出版社,2018.

[5]伊恩·古德费洛,约书亚·本吉奥,亚伦·库维尔. 深度学习[M]. 赵申剑,黎或君,符天凡,等译. 北京:人民邮电出版社,2017.

[6]霍华德·M. 施瓦兹. 多智能体机器学习:强化学习方法[M]. 连晓峰,译. 北京:机械工业出版社,2017.

[7]彭博. 深度卷积网络:原理与实践[M]. 北京:机械工业出版社,2018.

[8]普尔,麦克活思. 人工智能计算 Agent 基础[M]. 董红斌,董兴业,童向荣,等译. 北京:机械工业出版社,2015.

[9]罗伯特·塞奇威克,凯文·韦恩,罗伯特·唐德罗. 程序设计导论:Python 语言实践[M]. 江红,余青松,译. 北京:机械工业出版社,2016.

[10]刘华杰. 分形艺术[M]. 长沙:湖南科学技术出版社,1998.

[11]吉尔·多维克. 计算进化史:改变数学的命运[M]. 北京:人民邮电出版社,2017.

习题参考答案

第一章

1. 国内从事人工智能的著名企业有百度、阿里巴巴、海康威视、科大迅飞、商汤科技、旷视。它们的核心技术略。

2. (1)符号主义:提出了物理符号系统假设,在机器上通过符号计算实现相应功能,偏重循名责实。

(2)联结主义:构建人工神经网络,在机器上模拟大脑神经元及其联结机制,偏重思维过程。

(3)行为主义:倡导感知和行为,开发机器的智能行为,偏重智能演化。

第二章

1. 分离直线为 $x_1+x_2-3=0$,感知机模型为 $f(x)=\text{sign}(x_1+x_2-3)$。

迭代过程见下表。

习题求解的迭代过程

迭代次数	误分类点	w	b	$w\cdot x+b$
0		0	0	0
1	α_1	(3,3)	1	$3x_1+3x_2+1$
2	α_3	(2,2)	0	$2x_1+2x_2$
3	α_3	(1,1)	−1	x_1+x_2-1
4	α_3	(0,0)	−2	−2
5	α_1	(3,3)	−1	$3x_1+3x_2-1$
6	α_3	(2,2)	−2	$2x_1+2x_2-2$
7	α_3	(1,1)	−3	x_1+x_2-3
8	无			

2. 此最优化问题的解 $w_1=w_2=\frac{1}{2}$,$b=-2$,最大间隔分类直线为$\frac{1}{2}x_1+\frac{1}{2}x_2-2=0$,其中 $\alpha_1=(3,3)$与 $\alpha_3=(1,1)$为支持向量。

3. A 是甲班,B 是乙班。从 C 的前、后、左、右看,3 人是甲班,1 人是乙班,C 应是甲班;

从 C 的四周看,5 人是乙班,3 人是甲班,C 应是乙班。

第三章

1. 计算“或”的情形:

当 x_1,x_2 为(0,0)时,$y=f(1\times0+1\times0-0.5)=f(-0.5)=0$;

当 x_1,x_2 为(0,1)时,$y=f(1\times0+1\times1-0.5)=f(0.5)=1$;

当 x_1,x_2 为(1,0)时,$y=f(1\times1+1\times0-0.5)=f(0.5)=1$;

当 x_1,x_2 为(1,1)时,$y=f(1\times1+1\times1-0.5)=f(1.5)=1$。

“非”的情况略。

2. 计算(1,1)这种情形:

隐含层只有上、下两个神经元,由(1,1)即 $x_1=1,x_2=1$ 可计算出 x_1,x_2 对这两个神经元的输出值,该值同时作为下一层的输入。

隐含层上一个神经元的值为

$$y=f(w_1x_1+w_2x_2-\theta)=f(1\times1+1\times1-0.5)=f(1.5)=1$$

隐含层下一个神经元的值为

$$y=f(w_1x_1+w_2x_2-\theta)=f((-1)\times1+(-1)\times1+1.5)=f(-0.5)=0$$

所以,输出层神经元的值为

$$y=f(w_1x_1+w_2x_2-\theta)=f(1\times1+1\times0-1.5)=f(-0.5)=0$$

(1,0)的情况同(0,1),(0,0)的情况略。

3. 证明:将三角形用向量表示(见右图),显然

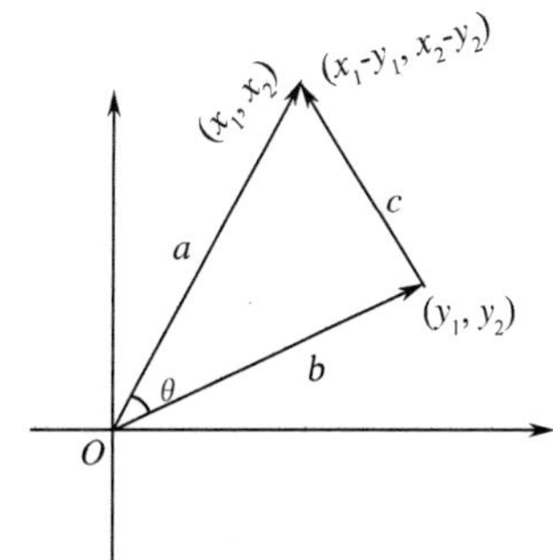

$c^2=(x_1-y_1)^2+(x_2-y_2)^2$

$a^2=x_1^2+x_2^2$

$b^2=y_1^2+y_2^2$

$$\cos\theta=\frac{a^2+b^2-c^2}{2ab}$$

$$=\frac{x_1^2+x_2^2+y_1^2+y_2^2-(x_1-y_1)^2-(x_2-y_2)^2}{2ab}$$

$$=\frac{x_1y_1+x_2y_2}{\sqrt{x_1^2+x_2^2}\cdot\sqrt{y_1^2+y_2^2}}$$

4. (0.013,0.265,0.722)

第四章

1. $P(Y=1)=\frac{9}{15}$,$P(Y=-1)=\frac{6}{15}$;

$P(U=1|Y=1)=\frac{2}{9}$,$P(U=2|Y=1)=\frac{3}{9}$,$P(U=3|Y=1)=\frac{4}{9}$;

$P(V=S|Y=1)=\frac{1}{9}, P(V=M|Y=1)=\frac{4}{9}, P(V=L|Y=1)=\frac{4}{9}$；

$P(U=1|Y=-1)=\frac{3}{6}, P(U=2|Y=-1)=\frac{2}{6}, P(U=3|Y=-1)=\frac{1}{6}$；

$P(V=S|Y=-1)=\frac{3}{6}, P(V=M|Y=-1)=\frac{2}{6}, P(V=L|Y=-1)=\frac{1}{6}$。

对于给定的 $\boldsymbol{x}=(2,S)$，计算结果如下：

$P(Y=1)P(U=2|Y=1)P(V=S|Y=1)=\frac{9}{15}\cdot\frac{3}{9}\cdot\frac{1}{9}=\frac{1}{45}$；

$P(Y=-1)P(U=2|Y=-1)P(V=S|Y=-1)=\frac{6}{15}\cdot\frac{2}{6}\cdot\frac{3}{6}=\frac{1}{15}$。

因为 $P(Y=-1)P(U=2|Y=-1)P(V=S|Y=-1)=\frac{6}{15}\cdot\frac{2}{6}\cdot\frac{3}{6}=\frac{1}{15}$ 最大，所以 $y=-1$。

2. 为了方便，暂时以记号 x,y,z,u,v 代替 $P(A),P(B),P(C),P(D),P(E)$，求最大熵就是求 $x\log x+y\log y+z\log z+u\log u+v\log v$ 在约束条件 st. $\begin{cases}x+y=\frac{1}{3}\\x+z=\frac{1}{2}\\x+y+z+u+v=1\end{cases}$ 下的极值。引入拉格朗日函数 $f(x,y,z,u,v,w_1,w_2,w_3)$：

$$f=x\log x+y\log y+z\log z+u\log u+v\log v+w_1\left(x+y-\frac{1}{3}\right)+w_2\left(x+z-\frac{1}{2}\right)+w_3(x+y+z+u+v-1)=0$$

$$\frac{\partial f}{\partial x}=1+\log x+w_1+w_2+w_3=0 \quad ①$$

$$\frac{\partial f}{\partial y}=1+\log y+w_1+w_3=0 \quad ②$$

$$\frac{\partial f}{\partial z}=1+\log z+w_2+w_3=0 \quad ③$$

$$\frac{\partial f}{\partial u}=1+\log u+w_3=0 \quad ④$$

$$\frac{\partial f}{\partial v}=1+\log v+w_3=0 \quad ⑤$$

$$\frac{\partial f}{\partial w_1}=x+y-\frac{1}{3}=0 \quad ⑥$$

$$\frac{\partial f}{\partial w_2}=x+z-\frac{1}{2}=0 \quad ⑦$$

$$\frac{\partial f}{\partial w_3}=x+y+z+u+v-1=0 \quad ⑧$$

由④⑤，可得 $u=v$。

将⑥+⑦代入⑧，得 $2u-x=\frac{1}{6}$。

将②+③代入①，得 $1+\log y+\log z-\log x+w_3=0$。

联立上式和④，消去 w_3，得 $1+\log y+\log z-\log x=1+\log u$。

将⑥⑦和 $2u-x=\frac{1}{6}$ 代入上式并化简，得 $x^2-\frac{11}{6}x+\frac{1}{3}=0$。

所以 $x=0.205$。

根据最大熵原理，有

$$P(A)=0.205,\ P(B)=0.128,\ P(C)=0.295,\ P(D)=P(E)=0.186$$

第五章

1. 答案见参考文献[2]第五章。
2. 参见表 5-1 数据集 D 特征取值划分的样本子集的信息熵。
3. 参见表 5-2 样本数据集 D 的特征取值划分的样本子集的信息增益。

其中：

工作的条件熵为

$$\frac{5}{15}\times 0+\frac{10}{15}\times 0.971=0.647$$

自由住房的条件熵为

$$\frac{6}{15}\times 0+\frac{9}{15}\times 0.918=0.551$$

信贷信用的条件熵为

$$\frac{5}{15}\times 0.772+\frac{6}{15}\times 0.918+\frac{4}{15}\times 0=0.608$$

4. 参见表 5-3 样本数据集 D 的特征取值划分的样本子集的信息增益率。
5. (1) 工作：

$$H(D_2|A)=\frac{3}{9}\times(1\times\log 1+0\times\log 0)+\frac{6}{9}\times(0\times\log 0+1\times\log 1)=0$$

$$g(D_2,A)=0.918-0=0.918$$

$$H_A(D_2)=\frac{3}{9}\log\frac{3}{9}-\frac{6}{9}\log\frac{6}{9}=\frac{1}{3}(3\log 3-2)=0.918$$

$$g_R(D_2,A)=1$$

(2) 信贷信用：

$$H(D_2|A)=\frac{4}{9}\times(0\times\log 0-1\times\log 1)+\frac{4}{9}\left(-\frac{2}{4}\log\frac{2}{4}-\frac{2}{4}\log\frac{2}{4}\right)$$

$$+\frac{1}{9}(-1\times\log 1-0\times\log 0)=\frac{4}{9}=0.444$$

$$g(D_2,A)=0.918-0.444=0.474$$

$$H_A(D_2)=-\frac{4}{9}\log\frac{4}{9}-\frac{4}{9}\log\frac{4}{9}-\frac{1}{9}\log\frac{1}{9}=\frac{1}{9}(18\log 3-16)=1.392$$

$$g_R(D_2,A)=0.474/1.392=0.34$$

第六章

1. 计算过程见下表。

均值向量		A	B	C	D	E	归类	聚类	计算均值
初始值	A(1.5,0.5)		1.21	2.42	2.77	3.16	B	A,B	(2.05,0.75)
	D(4,1.7)	2.77	1.57	1.22		0.54	C,E	C,D,E	(3.83,1.87)
第二步	(2.05,0.75)	0.60	0.60	1.90	2.16	2.56	A,B	A,B	
	(3.83,1.87)	2.70	1.50	0.98	0.24	0.76	C,D,E	C,D,E	

2. 第一步:数据集 D 有 30 个样本,每个样本看作一个初始聚类簇,共有 30 个初始聚类簇,每簇只有一个样本,用欧几里得距离计算每两个初始聚类簇间的距离 d,找出距离最近的两个初始聚类簇合并为一个聚类簇。经过计算,样本 $\boldsymbol{x}_1,\boldsymbol{x}_{29}$ 间的距离 $d(\boldsymbol{x}_1,\boldsymbol{x}_{29})=0.0318$ 最小,将 $\boldsymbol{x}_1,\boldsymbol{x}_{29}$ 合为一簇 $\{\boldsymbol{x}_1,\boldsymbol{x}_{29}\}$。

第二步:聚类簇从 30 个初始聚类簇下降至 29 个聚类簇;簇 $\{\boldsymbol{x}_1,\boldsymbol{x}_{29}\}$ 有 2 个样本,其余 28 个聚类簇各有 1 个样本。现在出现的一个问题就是,怎样计算一个样本簇比如 $\{\boldsymbol{x}_{26}\}$,与聚类簇 $\{\boldsymbol{x}_1,\boldsymbol{x}_{29}\}$ 之间的距离。我们采用簇间最大距离,也就是计算两个簇间的最远样本。因为

$$d(\boldsymbol{x}_1,\boldsymbol{x}_{26})=0.0613$$
$$d(\boldsymbol{x}_{29},\boldsymbol{x}_{26})=0.0511$$

所以簇 $\{\boldsymbol{x}_{26}\}$ 与簇 $\{\boldsymbol{x}_1,\boldsymbol{x}_{29}\}$ 间的距离为 0.0613。

第二步中合并的簇为 $\{\boldsymbol{x}_{24},\boldsymbol{x}_{30}\}$,因为 $d(\boldsymbol{x}_{24},\boldsymbol{x}_{30})=0.0388$。

第三步:此时有 28 个聚类簇,继续合并。$d(\boldsymbol{x}_{10},\boldsymbol{x}_{20})=0.0402$,合并为 $\{\boldsymbol{x}_{10},\boldsymbol{x}_{20}\}$;$d(\boldsymbol{x}_{13},\boldsymbol{x}_{14})=0.0411$,合并为 $\{\boldsymbol{x}_{13},\boldsymbol{x}_{14}\}$。经过比较,接着合并的簇为(冒号后面的数字为距离),$\{\boldsymbol{x}_6,\boldsymbol{x}_8\}$:0.0428,$\{\boldsymbol{x}_{25},\boldsymbol{x}_{28}\}$:0.0525,$\{\boldsymbol{x}_9,\boldsymbol{x}_{17}\}$:0.0543,$\{\boldsymbol{x}_{18},\boldsymbol{x}_{19}\}$:0.0566,$\{\boldsymbol{x}_3,\boldsymbol{x}_4\}$:0.0599。

第四步:此时有 21 个聚类簇,根据第二步中簇 $\{\boldsymbol{x}_{26}\}$ 与簇 $\{\boldsymbol{x}_1,\boldsymbol{x}_{29}\}$ 间的聚类为0.0613,此时两簇合并为一簇 $\{\boldsymbol{x}_1,\boldsymbol{x}_{26},\boldsymbol{x}_{29}\}$。

第五步:此时有 20 个聚类簇。一般地,两个聚类簇 U,V 间的最大距离为

$$d_{\max}(U,V)=\max_{\boldsymbol{x}_i\in U,\boldsymbol{x}_j\in V} d(\boldsymbol{x}_i,\boldsymbol{x}_j)$$

其实,这里的 $d(\boldsymbol{x}_i,\boldsymbol{x}_j)$ 在第一步中已全部计算完毕,后面的第二步、第三步、第四步只是比较大小,合并,再不断比较大小,合并,最终形成下图所示的树状图,其中每层链接一组聚类簇。

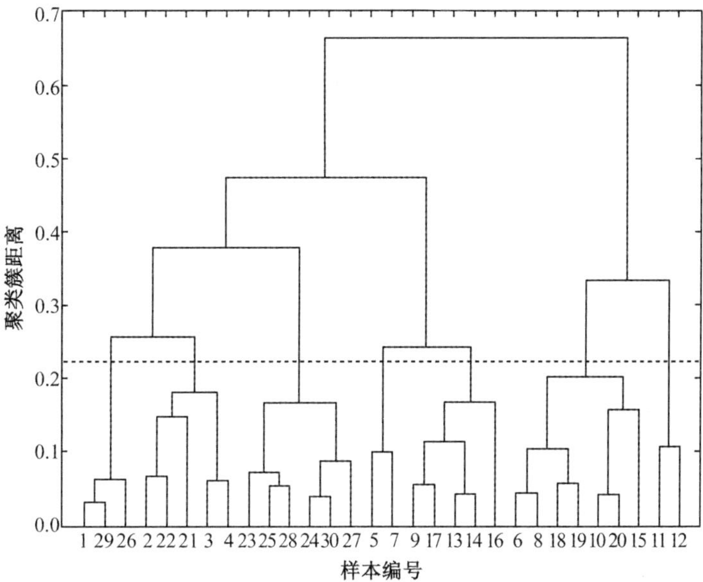

第七章

1. 概率如下：

$$
\boldsymbol{P}=(p_{ij})=\begin{pmatrix}
1 & 0 & 0 & 0\cdots\cdots\cdots\cdots\cdots\cdots0 & 0\\
q & 0 & p & 0\cdots\cdots\cdots\cdots\cdots\cdots0 & 0\\
0 & q & 0 & p\cdots\cdots\cdots\cdots\cdots\cdots0 & 0\\
 & & \cdots\cdots\cdots\cdots\cdots\cdots & & \\
 & & \cdots\cdots\cdots\cdots\cdots\cdots & & \\
0\cdots\cdots\cdots\cdots\cdots\cdots0 & q & 0 & p & 0\\
0\cdots\cdots\cdots\cdots\cdots\cdots0 & 0 & q & 0 & p\\
0\cdots\cdots\cdots\cdots\cdots\cdots0 & 0 & 0 & 0 & 1
\end{pmatrix}
$$

2. 网页的超链接关系为

$$
\begin{aligned}
&0\to1\\
&1\to2,2,3,3,4\\
&2\to3\\
&3\to0\\
&4\to0,2
\end{aligned}
$$

因为 $\alpha=0.9$，$N=5$，所以$\dfrac{1-\alpha}{N}=0.02$。

$$
\boldsymbol{P}=\begin{pmatrix}
0.02 & 0.92 & 0.02 & 0.02 & 0.02\\
0.02 & 0.02 & 0.38 & 0.38 & 0.20\\
0.02 & 0.02 & 0.02 & 0.92 & 0.02\\
0.92 & 0.02 & 0.02 & 0.02 & 0.02\\
0.47 & 0.02 & 0.47 & 0.02 & 0.02
\end{pmatrix}
$$

稳态概率分布为(0.273,0.266,0.146,0.247,0.068)。

3. 转移概率矩阵 $\boldsymbol{P},\boldsymbol{P}^2,\boldsymbol{P}^3$ 分别为

$$\boldsymbol{P}=\begin{pmatrix}0.9 & 0.1\\ 0.1 & 0.9\end{pmatrix}$$

$$\boldsymbol{P}^2=\begin{pmatrix}0.9 & 0.1\\ 0.1 & 0.9\end{pmatrix}^2=\begin{pmatrix}0.82 & 0.18\\ 0.18 & 0.82\end{pmatrix}$$

$$\boldsymbol{P}^3=\begin{pmatrix}0.9 & 0.1\\ 0.1 & 0.9\end{pmatrix}=\begin{pmatrix}0.756 & 0.244\\ 0.244 & 0.756\end{pmatrix}$$

因此,黑球出现在甲袋中的概率为0.756。

第八章

1. (1)真值表见下表:

真值表

$p\ \ q\ \ r$	$\neg p$	$(\neg p)\vee q$	$((\neg p)\vee q)\to r$
0 0 0	1	1	0
1 0 0	0	0	1
0 1 0	1	1	0
1 1 0	0	1	0
0 0 1	1	1	1
1 0 1	0	0	1
0 1 1	1	1	1
1 1 1	0	1	1

(2)真值表见下表:

真值表

$p\ \ q\ \ r$	$\neg q$	$p\wedge(\neg q)$	$(p\wedge(\neg q))\vee r$
0 0 0	1	0	0
1 0 0	1	1	1
0 1 0	0	0	0
1 1 0	0	0	0
0 0 1	1	0	1
1 0 1	1	1	1
0 1 1	0	0	1
1 1 1	0	0	1

$((\neg p)\vee q)\to r$ 和 $(p\wedge(\neg q))\vee r$ 真值表相同，$(p\wedge(\neg q))\vee r$ 称为 $((\neg p)\vee q)\to r$ 的一个析取范式。

2. 真值表见下表：

真值表

α β	$\alpha\vee\beta$	$\neg\alpha$	β
0 0	0	1	0
0 1	1	1	1
1 0	1	0	0
1 1	1	0	1

当 $\alpha\vee\beta$，$\neg\alpha$ 同时取 1 时，β 的取值也是 1，所以推理形式是有效的。

3. (1) $y=1+1.5x$；(2) $y=1.24+1.43x$。

第九章

1. 博弈方 1 以概率分布 2/3 和 1/3 在 T 和 B 中随机选择；博弈方 2 以概率分布 3/4 和 1/4 在 L 和 R 中随机选择。

2. 运用画线法很容易找出该博弈有两个纯策略纳什均衡：(高档，低档) 和 (低档，高档)。此外，本博弈还有一个混合策略纳什均衡。设企业甲生产高档彩电的概率为 α，生产低档彩电的概率为 $1-\alpha$；企业乙生产高档彩电的概率为 β，生产低档彩电的概率为 $1-\beta$。那么令两个企业采取各自两种策略的期望得益相等，容易解得 $\alpha=\beta=2/3$，即两个企业都以概率分布 2/3 和 1/3 随机决定生产高档彩电还是低档彩电。

第十章

1. $M=2^n$，$\varepsilon=(0.6)^n$。

树枝数增加两倍，长度为原来的 0.6 倍，则迭代 n 次，树枝数为 $M=2^n$，长度为 $\varepsilon=(0.6)^n$，则分形维数为

$$D=\frac{\log M}{\log\frac{1}{\varepsilon}}=\frac{\log 2}{\log\frac{1}{0.6}}=1.357$$

2. $D=\frac{\log 3}{\log 2}=1.58496$。

3. 补全后如下所示：

111	112	121	122	211	212	221	222
110	113	120	123	210	213	220	223
103	102	131	130	203	202	231	230
100	101	132	133	200	201	232	233
033	030	023	022	311	310	303	300
032	031	020	021	312	313	302	301
001	002	013	012	321	320	331	332
000	003	010	011	322	323	330	333

第十一章

1. 国外从事人工智能的著名企业有Google,Apple,Microsoft,Arm,Amazon,Facebook。它们的核心业务略。

2. 略。